ISNM

INTERNATIONAL SERIES OF NUMERICAL MATHEMATICS

INTERNATIONALE SCHRIFTENREIHE ZUR NUMERISCHEN MATHEMATIK

SÉRIE INTERNATIONALE D'ANALYSE NUMÉRIQUE

VOL. 4

2. COLLOQUIUM ÜBER SCHALTKREIS- UND SCHALTWERK-THEORIE

vom 18. bis 20. Oktober 1961 in Saarbrücken

Prof. Dr. J. DÖRR
Lehrstuhl für Angewandte Mathematik der Universität des Saarlandes, Saarbrücken
Prof. Dr. E. PESCHL und Prof. Dr. H. UNGER
Rheinisch-Westfälisches Institut für Instrumentelle Mathematik, Bonn

Vortragsauszüge

1963
Springer Basel AG

ISBN 978-3-0348-4081-1 ISBN 978-3-0348-4156-6 (eBook)
DOI 10.1007/978-3-0348-4156-6

Ursprünglich erschienen bei Birkhäuser Varlag Basel 1963.

VORWORT

Bei einem verhältnismässig jungen Wissenschaftszweig ist es oft schwierig, in einem kurzen Titel den Gegenstand zu umreissen. «Schaltkreis- und Schaltwerktheorie» soll einerseits nicht zu anspruchsvoll klingen, andererseits aber einen bestimmten Interessentenkreis ansprechen und zur Mitarbeit bzw. zum Gespräch anregen.
Der neue Wissenschaftszweig, dem sich der kleine Arbeitskreis von angewandten Mathematikern in Bonn und Saarbrücken zugewandt hat, lässt sich etwa durch folgende Stichworte charakterisieren:

Logistik, Boolesche Algebra, Minimisierungsverfahren (für Schaltkreise), Schaltwerktheorie, Reduktionsverfahren (für Schaltwerke), Automatentheorie (und Theorie der Algorithmen).

Alle Hoffnungen etwa auf Existenzquantoren zu setzen, wäre hier ebenso vermessen wie das Bemühen, alle Probleme allein am Versuchsmodell experimentell zu lösen: Erst der Gedankenaustausch und die enge Wechselwirkung über eine grosse Breite hinweg kann erhoffte Fortschritte bringen. Das ursprüngliche Anliegen, exakte Unterlagen für die Entwicklung von Rechenautomaten zu schaffen, bleibt nach wie vor bestehen, so interessant auch einige Ergebnisse abstrakterer Fassung sein mögen.
Anlässlich des 1. Colloquiums in Bonn 1960 konnten bereits wertvolle Kontakte geknüpft werden. Das 2. Colloquium in Saarbrücken 1961 darf als eine weitere Festigung und Vertiefung in dieser Hinsicht gewertet werden. Es darf zugleich die Hoffnung ausgesprochen werden, dass bei künftigen Veranstaltungen weitere Interessenten, die dem Kreis bisher noch fernstehen, teilnehmen. Ebenso wäre zu begrüssen, wenn noch mehr jüngere Fachkollegen von den Hochschulen zur Beschäftigung mit dem neuen Wissenschaftszweig angeregt würden. Der vorliegende Colloquiumsband soll wie sein Vorgänger*) ein kleiner Wegweiser in diesem Sinne sein. Er enthält einige Unterlagen und Beiträge, die anderenfalls nur sehr verstreut hätten publiziert werden können. Man wird bedauern, dass die vorliegenden wenigen Beiträge noch nicht repräsentativ für den oben genannten Interessenkreis sind. Mag das Colloquiumsbändchen trotzdem mit dazu beitragen, dass der noch sehr kleine Arbeitskreis ein wenig erweitert werden kann zum Nutzen aller Beteiligten.

Die Herausgeber

Saarbrücken und Bonn, im Januar 1963

*) Colloquium über Schaltkreis- und Schaltwerktheorie, Vortragsauszüge vom 26. bis 28. Oktober 1960 in Bonn, Basel und Stuttgart (Birkhäuser-Verlag 1961)

INHALTSVERZEICHNIS

Minimisierung mit nichtkombinatorischen Methoden

von

Alexander Wilhelmy *)

Inhalt.

Zusammenfassung

Als 'Normsprache' wird der passend interpretierte Aussagenkalkül über der bedingten Disjunktion verwendet. Nach seiner Beschreibung und der Angabe eines auf ihm beruhenden nichtkombinatorischen Minimisierungsverfahrens werden die beiden Fragen behandelt:

1. Allgemeine Kriterien der Minimisierbarkeit.
2. Anwendung des Verfahrens in der Schaltwerktheorie.

§ 1. Grundbegriffe. Problemstellung.

Zur Durchführung von Entscheidungsverfahren einerseits, für verschiedene Anwendungszwecke andererseits stellt sich häufig das Problem, vorgelegte

....

*) Institut für Angewandte Mathematik der Johannes Gutenberg Universität Mainz.

Ausdrücke eines zweiwertigen Aussagenkalküls der symbolischen Logik in äquivalente Ausdrücke mit bestimmten syntaktischen Eigenschaften umzuformen.

Da sich zur Formalisierung der zweiwertigen Aussagenlogik abzählbar unendlichviele semantisch vollständige logistische Systeme [Anm. 1] anbieten, die sich hinsichtlich der in ihnen vorkommenden Verknüpfungen unterscheiden, müssen Umformungsverfahren für Ausdrücke aus Aussagenkalkülen von einem zwar frei ausgewählten, dann aber festgehaltenen 'normierten' Kalkül ausgehen, wenn sie allgemein anwendbar sein sollen.

Obwohl von der Sache her keine Notwendigkeit zur Interpretation des normierten Kalküls besteht, hat sich diese Maßnahme doch - vielleicht aus psychologischen Gründen - soweit eingebürgert, daß wir uns dem anschließen werden. Den zugrundegelegten normierten Kalkül wollen wir nach seiner logischen Interpretation als ' Normsprache ' bezeichnen.

In der Normsprache werden üblicherweise Ausdrücke mit bestimmten syntaktischen Eigenschaften oder, anders ausgedrückt, Ausdrücke von bestimmter Struktur ausgezeichnet und 'Normalformen' genannt, vorausgesetzt, daß jeder Satz der Normsprache sich mit Hilfe gewisser effektiver Transformationsregeln auf mindestens eine logisch äquivalente solche Normalform bringen läßt. Gebräuchlich sind die implikative Normalform des Kalküls über Implikation und Negation [Anm. 2] oder auch die vier Normalformen des Aussagenkalküls über Konjunktion, Disjunktion und Negation (' KAN-Kalkül'), [Anm. 3], ferner einige weitere Normalformen, von denen unten die Rede sein wird.

Die Normalformen nun können je nach Zielsetzung dienen als Grundlage für einfache Entscheidungsverfahren, d. h. für Verfahren zur Entscheidung, ob ein Satz identisch wahr oder identisch falsch oder keines von beiden (faktischer Satz) ist, oder aber als Ausgangspunkt zur weiteren Transformation der ursprünglichen Ausdrücke in logisch äquivalente, die gewünschten Strukturbegingungen genügen.

Ein Spezialfall der Zielsetzung zweiter Art ist das Problem der Vereinfachung aussagenlogischer Formeln. Dieses Problem hat im KAN - Kalkül seine 'klassische' Formulierung und Lösung gefunden: Eine vorgegebene Formel hat i. A. mehrere (gewöhnliche) disjunktive Normalformen. Gesucht sind davon diejenigen, welche die geringste Anzahl von Atomen [Anm. 4] aufweisen, die sog. 'Normaläquivalente' der Formel [Anm. 5]. Eine von QUINE [Anm. 6] angegebene Methode erlaubt es, in endlichvielen Schritten die exakten Lösungen dieses Problems aufzusuchen. Wir geben im Folgenden eine Skizze der dort benützten Terminologie, mit deren Hilfe anschließend der Begriff 'kombinatorisches Verfahren' einer Explikation zugeführt werden kann.

Grundbegriff ist die 'Belegung der n verschiedenen Aussagenvariablen einer Formel F mit Werten aus der Menge der Werte $\{0, 1\}$', - kurz 'Belegung von F.' Darunter versteht man die Abbildung der n verschiedenen Variablen aus F auf eine Kombination

$$K = (k_1, \ldots, k_n) \text{ mit } k_i \in \{0, 1\}.$$

Die Formel nimmt für eine jede Belegung K einen durch die Definitionen der in F vorkommenden Verknüpfungszeichen eindeutig bestimmten Wert $f(K) \in \{0, 1\}$ an. Wird '1' wie üblich als ausgezeichneter Wert interpretiert, so heißt eine Belegung K^+, für die

$$f(K^+) = 1$$

gilt, 'gültige Belegung'.

Gültige Elementarkonjunktionen oder 'Minterms' sind logische Formeln, die eine gültige Belegung beschreiben, nämlich Konjunktionen aller durch die Belegung bestimmten Atome, d. h. aller Variablen, je negiert oder unnegiert, entsprechend dem ihnen durch die betreffende gültige Belegung zugeordneten Wert 0 oder 1.

Die Disjunktion aller Minterms einer Formel f heißt 'ausgezeichnete disjunktive Normalform' von F.

Können höchstens 2^n (n ≥ 1) verschiedene disjunktiv verknüpfte Minterms von F aufgrund der Äquivalenz

$$(X \,\&\, Y) \vee (\bar{X} \,\&\, Y) \;\; \underline{\text{aeq}} \;\; Y$$

zu einem Ausdruck P zusammengezogen werden, der kein Disjunktionszeichen 'v' mehr enthält, oder ist dies (Fall n = 0) unmöglich für einen Minterm P, so bezeichnet man P als 'Primimplikanten' [Anm. 7] von F, da zwar F durch P impliziert wird, jedoch durch keine kürzere Konjunktion von Atomen aus P. Die Primimplikanten gewinnt man effektiv durch wiederholte Bildung des Konsensus von Minterms, von Konsensus, von Konsensus von Konsensus, ..., soweit dies möglich ist. Unter 'Konsensus' ist dabei der in der obigen Äquivalenz mit 'Y' bezeichnete Ausdruck zu verstehen.

Die Menge aller jener Disjunktionen von Primimplikanten von F, die äquivalent F sind, ist die Menge aller '(gewöhnlichen) disjunktiven Normalformen' von F.

Während die ausgezeichnete disjunktive Normalform für eine jede Formel F im wesentlichen (d.h., bis auf die Anordnungen der Variablen innerhalb der Minterms) eindeutig (nicht umkehrbar) bestimmt ist, gibt es zu F i.A. mehrere (gewöhnliche) disjunktive Normalformen.

Mit NELSON werden diejenigen (gewöhnlichen) disjunktiven Normalformen, welche unter allen äquivalenten die geringste Anzahl von Atomen aufweisen, 'einfachste Normaläquivalente' [Anm. 5] genannt.

Nebenbei sei bemerkt, daß die ausgezeichneten Normalformen auch leer sein können. Dies ist der Fall bei identisch falschen Ausgangsformeln, die ja, gemäß der Definition, keine Minterms besitzen, da es für sie keine gültige Belegung gibt. Umgekehrt gilt: besitzt eine Formel keine Primimplikanten, so ist sie identisch wahr.

Verfahren zur Vereinfachung aussagenlogischer Formeln, die wesentlich von den Minterms Gebrauch machen, nennen wir kombinatorische Verfahren, da man dabei alle möglichen Belegungen, also alle Wertekombinationen im oben erläuterten Sinne auf ihre 'Geltung' hin zu prüfen hat.

Die genannte Methode von QUINE, deren Grundbegriffe wir gerade eingeführt haben, stellt den Typus eines kombinatorischen Verfahrens dar. Zur Vorbereitung der kommenden Überlegungen werfen wir einen Blick auf diese Methode [Anm. 8].

Zunächst wird für jede mögliche Belegung ausgerechnet, ob sie eine gültige Belegung ist oder nicht. Hat man auf diese Weise die Minterms gefunden, so wird jedes - bzw. jedes nach einem gewissen Kriterium zulässige - Paar von Minterms daraufhin untersucht, ob es einen Konsensus besitzt oder nicht. Die erhaltenen Konsensus werden zur sog. ersten Reduktionenliste zusammengefaßt, die eventuell auch leer sein kann. Ist, allgemein, die k-te Reduktionenliste nichtleer, so bildet man aus den Konsensus, wofern solche existieren, der Paare von Elementen aus dieser Liste die (k + 1)-te Reduktionenliste. Dieses Vorgehen wird für wachsende k solange iteriert, bis die (k + 1)-te Reduktionenliste leer ist. Diejenigen Minterms und diejenigen Elemente aus den k Reduktionenlisten, die mit keinem anderen Minterm bzw. Element einen Konsensus hatten, bilden zusammen die Menge der Primimplikanten. Anschließend sind aus allen Kombinationen von Primimplikanten, disjunktiv verbunden, diejenigen auszusondern, welche äquivalent der Ausgangsformel sind. Jede solcherart ausgesonderte Kombination ist eine (gewöhnliche) disjunktive Normalform der Ausgangsformel. Durch Abzählen der in diesen Normalformen jeweils auftretenden Atome findet man die einfachsten Normaläquivalente, und damit ist das Verfahren abgeschlossen.

Es ist zu erwarten, daß Verfahren dieser Art schon bei relativ kleiner Anzahl der in den Ausgangsformeln vorkommenden verschiedenen Variablen praktisch nicht mehr durchführbar sind. Die k-te Reduktionenliste enthält in ungünstigen Fällen eine derart große Untermenge der bei n verschiedenen Variablen $2^{n-k} \binom{n}{k}$ verschiedenen möglichen Konsensus, daß auch schnellste Elektronenrechner die Aufgabe in einem Menschenalter nicht mehr zu bewältigen vermögen. Das folgende Beispiel vermittelt einen Begriff der Größenordnungen, mit denen man hier umzugehen hätte.

Eine aussagenlogische Formel f enthalte genau neun verschiedene Variable. Sie nehme den Wert 'wahr' an in allen Fällen, in welchen mindestens drei und höchstens sechs verschiedene Variable mit dem Wahrheitswert 'falsch' belegt werden.

Die Formel besitzt dann

$$\binom{9}{3} + \binom{9}{4} + \binom{9}{5} + \binom{9}{6} = 420$$

Minterms m_k.

Die Primimplikanten von f bestehen, wie man leicht sieht, aus Konjunktionen von je sechs verschiedenen Variablen, von welchen genau drei negiert sind; sie entstehen aus Minterm-Oktupeln

$$(p \& x_a \& x_b \& x_c, p \& x_a \& x_b \& \bar{x}_c, p \& x_a \& \bar{x}_b \& x_c, \ldots, p \& \bar{x}_a \& \bar{x}_b \& \bar{x}_c)$$

durch je 35malige Konsensusbildung.

f hat mithin insgesamt

$$\binom{9}{6} \cdot \binom{6}{3} = 1680$$

verschiedene Primimplikanten.

Jeder der 420 Minterms impliziert $\binom{6}{3} = 20$ verschiedene Primimplikanten. Mit H_k mögen die Mengen der zu m_k in diesem Sinne gehörigen Primimplikanten bezeichnet werden.

Der letzte Schritt des QUINEschen Verfahrens besteht hier also im wesentlichen darin, jene Elemente der Produktmenge

$$H = \prod_{k=1}^{420} H_k$$

aufzusuchen, deren Kardinalzahl ein Minimum ist. Man hätte mithin in H eine

Menge der Mächtigkeit

$$/H/ = 20^{420}$$

zu untersuchen!

Nach DUNHAM & FRIDSHAL (1959) sind angesichts solcher Sachverhalte drei Standpunkte möglich:

1. Man gibt sich mit den bekannten Methoden zufrieden und nimmt in Kauf, daß sie fallweise ohne zusätzlichen Einsatz intuitiver Überlegungen nicht zum Ziele führen; oder man trachtet danach - wie es auch für das vorige Beispiel mit Rücksicht auf die Symmetrie des Baues der Formel f als angezeigt erscheinen will -, bekannten Methoden dadurch eine größere Wirksamkeit zu verleihen, daß man Ergänzungen für bestimmten Klassen von Formeln vornimmt [Anm. 9].

2. Man entwickelt Näherungsverfahren. - Hierzu gehört etwa das (freilich anderen Motiven entsprungene) Verfahren von SHANNON (1949).

3. Man sucht nach neuen Methoden zur exakten Lösung des Problems, die weniger aufwendig sind.

Am meisten wünschenswert erscheinen indessen solche Verfahren, welche die beiden zuletzt genannten Ziele zugleich verfolgen, Verfahren - kurz gesagt -, die eine schrittweise Annäherung an die exakten Lösungen gestatten.

Das QUINE-Verfahren gehört nicht zu dieser Kategorie, da es direkt auf die exakten Lösungen zusteuert und keine Approximationen liefert.

Analoges gilt auch für die SHANNONsche Methode, wie man schon aus der Problemstellung erkennen kann. Gesucht wird hier eine Darstellung der Menge X der n verschiedenen in einer Formel f vorkommenden Variablen als Vereinigungsmenge

$$X = \bigcup_k X_k$$

disjunkter Untermengen X_k und dazu Ausdrücke $f_k^i(X_k)$ derart, daß

$$f(X) \ \underline{\text{aeq}} \ \bigvee_i \bigwedge_k f_k^i(X_k)$$

gilt und die rechte Seite dieser Äquivalenz ein Minimum an Funktoren aus einer vorgegebenen Menge, etwa aus $\{\bar{\ }, \&, \vee\}$, enthalten soll. f ist im allgemeinen in der Form

$$f \overset{D}{=} \bigvee_i \bigwedge_{k=1}^{n} f_k^i(X_k),$$

d. h. durch seine Minterms, definiert.

Nach einer Bemerkung von CURTIS (1959) erreicht man mit SHANNONs Methode zwar für praktische Zwecke hinreichende Näherungen, dagegen im allgemeinen Falle keine der exakten Lösungen. Der Grund ist im wesentlichen in der Tatsache zu sehen, daß die Menge X in disjunkte Untermengen zerlegt wird, bevor die eigentliche Formelvereinfachung einsetzt, die sich auf die f_k^i bezieht.

Die nun folgenden Abschnitte sollen dazu dienen, die Grundlagen und einige Anwendungsmöglichkeiten eines Verfahrens zur Vereinfachung von aussagenlogischen Ausdrücken zu beschreiben und zu untersuchen, inwieweit es die nachstehenden vier Forderungen erfüllt.

1. Die Vermeidung kombinatorischer Prozeduren.
2. Die Existenz einer 'kürzer' - oder einer 'länger' -Relation in Anlehnung an die des KAN-Kalküls, zusammen mit einem Entscheidungsverfahren darüber, ob zwischen zwei Ausdrücken f, g diese Relation besteht oder nicht besteht.
3. Ein Entscheidungsverfahren für die Frage, ob es zu einer gegebenen Formel f eine äquivalente kürzere gibt oder nicht.
4. Als Kern des Verfahrens ein System von wiederholt anwendbaren effektiven Transformationsregeln derart, daß jede Anwendung der Regeln auf eine gegebene Formel f eine ihr äquivalente Formel erzeugt, die nicht länger

als f ist. Dies bedeutet, daß auch bei vorzeitigem Abbrechen des Verfahrens ein Zwischenergebnis vorliegt, das im Sinne der Problemstellung nicht ungünstiger als die Ausgangsformel ist.

§ 2. Normsprache.

Es wird nun die Syntax eines zweiwertigen logistischen Systems beschrieben, das als Aussagenkalkül interpretiert und dann als Normsprache verwendet werden soll. Dabei handelt es sich um die geringfügig modifizierte Form eines zuerst von CHURCH (1948) angegebenen Systems, dessen einzige Verknüpfung die dreistellige sog. bedingte Disjunktion[Anm. 10]ist.

Zunächst werden die Konstituenten des Kalküls definiert.

Konstante sind 'e' und 'n', syntaktisch durch 'o' bezeichnet oder auch autonym [Anm. 11] gebraucht.

Als Zeichen für Variable verwenden wir den Buchstaben X mit unteren Unterscheidungsindizes.

Konstante und Variable sind Atome, syntaktisch durch große Buchstaben vom Anfang des Alphabets angedeutet. Ist ferner A ein Atom, so ist auch $\bar{A}$ ein Atom.

Als syntaktische Variable für korrekte Formeln[Anm. 12]dienen die kleinen lateinischen Buchstaben mit Ausnahme der Buchstaben e, n, o, t, sofern sie nicht vorübergehend mit einer aus dem Kontext zu entnehmenden anderen Bedeutung belegt sind.

Für metasprachliche Definition, Konjunktion, Disjunktion, Implikation, Äquivalenz verwenden wir resp. die Zeichen

$\underset{=}{D}$, $\underline{et}$, $\underline{vel}$, $\underline{seq}$, $\underline{aeq}$.

Korrekte Formeln sind wie folgt definiert.

1. Atome sind korrekte Formeln nullter Stufe.
2. Sind a, b, c korrekte Formeln resp. i-ter, j-ter, k-ter Stufe und ist

$$m = \max (i, j, k) ,$$

so ist

$$a\ t\ b\ t\ c$$

eine korrekte Formel (m + 1)-ter Stufe. t ist dabei syntaktisches Zeichen für ein Trennzeichen (m + 1)-ter Stufe in Übereinstimmung mit folgender Definition.

1. Das leere Zeichen ist ein Trennzeichen erster Stufe.
2. Ist t ein Trennzeichen m-ter Stufe, so ist t'.' [Anm. 13] ein Trennzeichen (m + 1)-ter Stufe.

Trennzeichen stehen autonym, wobei der besseren Übersichtlichkeit halber die Elemente größerer Punktaggregate paarweise nebeneinander geschrieben werden.

Korrekte Formeln, die in korrekten Formeln als echte Teile vorkommen, nennen wir 'Teilformeln' oder 'Terme'. Speziell heißen die korrekten Formeln a, b, c, aus denen sich die korrekte Formel abc zusammengesetzt, resp. 'Linksterm', 'Zentrum' [Anm. 14], 'Rechtsterm' der Formel abc. Links- und Rechtsterm zusammen werden 'Peripherieterme' genannt. Sie bilden die 'Peripherie zum Zentrum b der Formel abc'.

Metasprachlich deuten wir die Ableitbarkeit einer Konklusion aus Prämissen durch das Zeichen seq an; vor dieses Zeichen setzen wir die durch Kommata getrennten Prämissen, dahinter die Konklusion. Einen metasprachlichen Ausdruck, in welchem das Zeichen seq vorkommt, nennen wir 'Regel'.

Gilt sowohl

$$a \ \underline{seq} \ b$$

als auch

$$b \ \underline{seq} \ a,$$

so schreiben wir statt beider Regeln einfach

$$a \ \underline{aeq} \ b,$$

wahlweise auch

$$b \ \underline{aeq} \ a.$$

Metasprachliche Ausdrücke, die das Zeichen $\underline{aeq}$ enthalten, sind '(umkehrbare) Transformationsregeln'.

Als Axiomensystem verwenden wir die folgende Verschärfung eines von ROSE (1954) [Anm. 15] angegebenen schwach vollständigen Systems.

(Ax) e

ist ein einziges Axiom. Hierzu treten zwei duale Transformationsregeln,

(R1) aeb $\underline{aeq}$ a

(R2) anb $\underline{aeq}$ b

und ein duales Paar von Metaregeln zur Ableitung weiterer Regeln:

(V) Mit (Re) und (Rn) ist auch (Ra) eine Regel, wobei die Regeln (Rn) und (Ra) aus der Regel (Re) durch Substitution von resp. 'n', 'a' für - nicht notwendig alle Vorkommen von - 'e' in (Re) hervorgehen.

(S) Mit (Ra) sind auch (Re) und (Rn) Regeln, wobei die beiden letzteren aus der ersten durch Substitution von resp. 'e', 'n' für alle Vorkommen einer bestimmten syntaktischen Variablen - etwa 'a' - in (Ra) hervorgehen.

Als Abkürzung führen wir definitorisch ein

(D) $\bar{a} \overset{D}{=} nae.$

Es folgen einige Bemerkungen zur Semantik des Systems.

Nach Regeln (R1), (R2) nimmt eine Formel den Wert ihres Linksterms an, wenn e, den ihres Rechtsterms, wenn n im Zentrum steht. Speziell gilt für die acht verschiedenen nur aus Konstanten bestehenden Formeln erster Stufe:

$$\begin{array}{lll} eee & \underline{\mathrm{aeq}} & e \\ een & \underline{\mathrm{aeq}} & e \\ ene & \underline{\mathrm{aeq}} & e \\ enn & \underline{\mathrm{aeq}} & n \\ nee & \underline{\mathrm{aeq}} & n \\ nen & \underline{\mathrm{aeq}} & n \\ nne & \underline{\mathrm{aeq}} & e \\ nnn & \underline{\mathrm{aeq}} & n \end{array}$$

Interpretiert man die Konstante e in Übereinstimmung mit dem Axiom (Ax) als Namen für den Wahrheitswert 'wahr' und die Konstante n wegen ihrer Nichtableitbarkeit aus dem Axiomensystem [Anm. 16] als Namen für den Wahrheitswert 'falsch' [Anm. 17], so erkennt man aus dieser Tabelle, daß eine Formel abc mit CHURCH (1948) gelesen werden kann als 'a oder c, je nachdem b oder nicht b'. Daraus ist die Wahl der Bezeichnung 'bedingte Disjunktion' für die Verknüpfung zu erklären.

Aus der Definition (D) und den Regeln (S), (R1), (R2) erhalten wir

$$\begin{array}{lllll} \bar{e} & \underline{\mathrm{aeq}} & nee & \underline{\mathrm{aeq}} & n \\ \bar{n} & \underline{\mathrm{aeq}} & nne & \underline{\mathrm{aeq}} & e \end{array}$$

und damit die Möglichkeit, das Überstreichen einer Formel als ihre Negation zu interpretieren.

Wie CHURCH bewiesen hat [Anm. 18], ist der aus bedingter Disjunktion und den beiden Konstanten e, n gebildete Aussagenkalkül semantisch vollständig. Insbesondere heißt dies, daß sich alle zweiwertigen Verknüpfungen der (klassischen) Aussagenlogik mit Hilfe dieser drei Begriffe definieren lassen. Dazu sei noch erwähnt, daß alle Ausdrücke, die nur einen der 16 verschiedenen zweistelligen Funktoren der Aussagenlogik enthalten, in unserer Normsprache durch Formeln höchstens erster Stufe dargestellt werden können. Die folgende Tabelle gibt Darstellungsbeispiele für die zehn nichttrivialen Fälle, wobei die Funktoren - mit Ausnahme von '&' - in der CHURCHschen Symbolik [Anm. 19] geschrieben sind.

A v B	entspricht	eAB
A & B		ABn
A ⊃ B		BAe
A ⊅ B		nBA
A ⊂ B		ABe
A ⊄ B		nAB
A $\bar{\text{v}}$ B		nA$\bar{\text{B}}$
A | B		$\bar{\text{A}}$Be
A ≡ B		AB$\bar{\text{A}}$
A ≢ B		$\bar{\text{A}}$BA

§ 3. Transformationsregeln.

In diesem Abschnitt leiten wir die wichtigsten umkehrbaren Transformationsregeln ab. - Die Verwendung der Regel (S) zu den einzelnen Ableitungen wird nicht besonders vermerkt.

(R3) a <u>aeq</u> a
Aus der Definition des Zeichens '<u>aeq</u>' bei Anwendung von (R1) auf sich selbst.

(R4) ean <u>aeq</u> a
Aus een <u>aeq</u> e (R1)
und enn <u>aeq</u> n (R2)
mit Regel (V).

(R5) aba aeq a
Aus aea aeq a (R1)
und ana aeq a (R2)
mit Regel (V).

(R6) abc . dbf . gbh aeq adg . b . cfh
Aus aec. def. geh aeq adg aeq adg. e. cfh (R1)
und anc. dnf. gnh aeq cfh aeq adg. n. cfh (R2)
mit Regel (V).

(R7) abc. d. fbg aeq adf. b. cdg
Aus abc. d. fbg aeq abc. dbd. fbg (R5)
aeq adf. b. cdg (R6)

(R8) eab aeq eba
Aus eab aeq ebe. a. ebn (R5), (R4)
aeq eae. b. ean (R7)
aeq eba (R5), (R4)

(R9) abn aeq ban
Aus abn aeq ean. b. nan (R4), (R5)
aeq ebn. a. nbn (R7)
aeq ban (R4), (R5).

(R10) abc. b. dbf aeq abf
Aus aec. e. def aeq aed aeq a aeq aef (R1)
und anc. n. dnf aeq cnf aeq f aeq anf (R2)
mit Regel (V).

(R11) aab aeq eab
Aus aab aeq ean. a. bab (R5), (R4)
aeq eab (R10).

(R12) abb aeq abn
Aus abb aeq aba. b. ebn (R5), (R4)
aeq abn (R10).

(R13) [Anm. 20]
a. bgd. c aeq abc. g. adc
Aus a. bgd. c aeq aga. bgd. cgc (R5)
aeq abc. g. adc (R6).

(R14) a$\bar{b}$c aeq cba
Aus a$\bar{b}$c aeq a. nbe. c (D)
aeq anc. b. aec (R13)
aeq cba (R2), (R1)

(R15) $\overline{abc}$ aeq $\bar{a}b\bar{c}$
Aus $\overline{abc}$ aeq n. abc. e (D)
aeq nae. b. nce (R13)
aeq $\bar{a}b\bar{c}$ (D)

(R16) gab. c. gad aeq g. a. bcd
Aus (R7) mit (R5). Für die Rechtsterme erhält man entsprechend:

(R17) bag. c. dag aeq bcd. a. g

(R18) abc aeq ebc. a. nbc
Aus abc aeq ean. b. cac (R4), (R5)
aeq ebc. a. nbc (R7).

(R19) abc aeq abe. c. abn
Aus abc aeq aca. b. ecn (R5), (R4)
aeq abe. c. abn (R7).

Was diese Regeln bei Anwendung von links nach rechts (in Klammern: von rechts nach links) leisten, zeigt die folgende Zusammenfassung.

1. Elimation (Einführung) von Konstanten: R1, R2, R4, R5.

2. Elimination des einen von zwei gleichen Termen (Ersatz einer Konstan-

ten durch einen bereits vorkommenden Term): R5, R11, R12.

3. Elimination (Einführung) von Überstreichungen: D, R14, R15.

4. Einen Term (mehrere Terme) ins Zentrum bringen: R6, R13.

5. Zentren vertauschen (desgl.): R7, R8, R9, R16, R17, R18, R19.

6. Verminderung (Vergrößerung) der Formelstufe:
R1, R2, R4, R5, R10; Umkehrung von R18, R19.

§ 4. Normalformen.

Die Transformationsregeln erlauben es, jede Formel unseres logistischen Systems in eine äquivalente Normalform zu überführen. Diese Normalform ist wie folgt definiert.

1. Einzelnstehende Atome sind in Normalform.
2. Eine Formel abc ist in Normalform genau dann, wenn
   (a) ihr Zentrum b aus einer Variablen besteht, die weder in a noch in c vorkommt.
   (b) die Terme a und c verschieden, in Normalform und nicht beide zugleich konstant sind.

In Normalform ist demnach beispielsweise die Formel

$$X_1 X_2 X_3,$$

ebenso etwa die durch (R18) daraus erhaltene äquivalente Formel

$$eX_2X_3 . X_1 . nX_2X_3 ;$$

auch die oben in §2. angeführten zehn Formeln zur Wiedergabe der CHURCHschen Symbolik sind Normalformen.

Von der Normalform kann man zur CHURCHschen Normalform übergehen, die folgendermaßen definiert ist [Anm. 21].

1. Die Menge der in der Formel vorkommenden Variablen kann derart geordnet werden, daß die in dieser Ordnung k-te (k = 1, ...)Variable nicht überstrichen im Zentrum jeder Teilformel k-ter Stufe steht.

2. Die Peripherien der Teilformeln erster Stufe sind konstant.

Für die zuletzt genannte Formel findet man z. B. (bei entsprechender Ordnung der Variablen) als CHURCHsche Normalform die Formel

$$eX_3e \,.\, X_2 \,.\, eX_3n : X_1 : nX_3n \,.\, X_2 \,.\, eX_3n$$

Den Beweis, daß jede korrekte Formel in die Normalform gebracht werden kann, führen wir durch vollständige Induktion über die Stufenkennzahl.

1. Formeln nullter Stufe sind Atome und daher eo ipso in Normalform.

2. Formeln erster Stufe, die nicht schon in Normalform sind, können durch gegf. kombinierte Anwendung folgender Regeln in dieser Form gebracht werden.

(R1) , (R2), wenn eine Konstante im Zentrum steht;
(R15), wenn die Formel überstrichen ist;
(R14), wenn das Zentrum überstrichen ist;
(R5), (R11), (R12), wenn die zentrale Variable in der Peripherie vorkommt;
(R5), wenn Links- und Rechtsterm nicht verschieden sind;
(D), (R4), wenn Links- und Rechtsterm zugleich konstant sind.

3. Wir nehmen an, Links- und Rechtsterm einer Formel (n + 1) -ter Stufe seien in Normalform, und zeigen, daß dann die Formel selbst immer in die Normalform übergeführt werden kann.
(a) Sind Links- und Rechtsterm gleich, so wenden wir Regel (R5) an und sind fertig.

(b) Ist das Zentrum (nach Elimination eventueller Überstreichungen mit (R14)) von erster oder höherer Stufe, so wird die Zahl seiner Variablen durch u.U. wiederholte Anwendung von (R13) auf 1 reduziert. Die Formelstufe ändert sich dadurch nicht.

(c) Damit ist die Formel entweder in Normalform, oder aber ihre zentrale Variable kommt auch in ihrer Peripherie vor. Wir bringen dann zunächst, wenn dies nicht schon der Fall ist, Links- und Rechtsterm in die Normalform, wie es laut Annahme möglich ist, weil es sich dabei um Formeln von niedererer als (n + 1) - ter Stufe handelt. Wenn nun die fragliche Variable nicht in den Zentren, sondern in der Peripherie dieser Teilformeln vorkommt, so bringen wir sie durch Anwendung von (R5),(R7),(R8),(R9), (R18), (R19), evtl. auch (R14), in die Zentren der Teilformeln.

(d) Schließlich eliminieren wir mit Regel (R10) die Zentren der Teilformeln und gelangen dadurch zur gesuchten Normalform. Damit ist der Beweis abgeschlossen.

Diesen Beweis kann man zugleich als Anleitung zur Konstruktion von Normalformen betrachten. Für diesen Fall werde ergänzt, daß die nicht benützten Regeln (R6), (R16) und (R17) u.U. erlauben, die Bildung der Normalform erheblich abzukürzen.

Daß jede Formel in die CHURCHsche Normalform gebracht werden kann, überlegt man sich leicht, indem man beachtet, daß jede Peripherievariable mit Hilfe der Regeln (R5), (R18) oder (R19) ins Zentrum verlegt werden kann, und daß ferner Zentren nach(R7),(R16),(R17) vertauscht und nach (R13) 'reduziert', endlich nach (R4) bzw. (D) Konstante eingeführt und Überstreichungen eliminiert werden können. Zweckmäßig entfernt man zunächst mit Hilfe dieser Transformationsregeln die nach der Ordnung der Variablen erste aus der Peripherie der gegebenen Formel und stellt sie in deren Zentrum. Danach wendet man das gleiche Vorgehen hinsichtlich der nächsten Variablen auf die Peripherieterme an usw. Zum Abschluß werden Konstante in die Peripherien der letzten Variablen eingeführt, soweit noch erforderlich.

Das Verhältnis zwischen Normalform und CHURCHscher Normalform entspricht etwa dem zwischen gewöhnlichen und ausgezeichneten Normalformen im KAN-Kalkül. Wie wir dort der ausgezeichneten disjunktiven Normalform sofort die Minterms, d.h. die gültigen Belegungen entnehmen können, so haben wir hier mit der CHURCHschen Normalform die gleiche Möglichkeit. Wir wollen auf den Beweis verzichten und uns mit dem Hinweis begnügen, daß die Folge der Konstanten in der oben als Beispiel angeführten CHURCHschen Normalform von

$$x_1\ x_2\ x_3$$

mit der rechten Spalte der Tabelle der Konstantenformeln in § 2. übereinstimmt. Offensichtlich gibt es zu jeder Ordnung der Variablen eine korrespondierende Ordnung der Belegungen derart, daß die von links nach rechts k-te Konstante in der CHURCHschen Normalform anzeigt, ob die k-te Belegung eine gültige Belegung ist oder nicht.

Die Verwendung der CHURCHschen Normalform in Minimisierungsverfahren würde deshalb mindestens die implizite Verwendung von Minterms, Belegungen u. dgl. bedeuten und würde damit das Verfahren zu einem kombinatorischen machen. Die folgenden Abschnitte erhellen, daß weder Minterms explicite, noch die CHURCHsche Normalform in irgend einer Weise in unser Verkürzungsverfahren involviert sind [Anm. 22].

§ 5. Die 'kürzer'-Relationen.

Einen apriorischen Begriff 'kürzer' in bezug auf Formeln gibt es nicht. Ein solcher Begriff kann nur intuitiv oder auf Grund irgendwelcher Zweckmäßigkeitserwägungen gefaßt werden. Wir wollen uns daher im Folgenden, ohne uns auf ein Für oder Wider einzulassen, an der in § 1 erwähnten 'klassischen' Fassung dieses Begriffs bei QUINE-NELSON orientieren. Von ausführlichen Äquivalenzerörterungen wollen wir dabei absehen.

Wir führen zunächst 'charakteristische Zahlen' Z_e, Z_n für Normalformen ein. Dazu nehmen wir an, daß die nichtkonstanten Peripherieatome der Normalformen nach Regel (R4) (Umkehrung) in die Form ean gebracht worden sind.

Durch folgende Rekursion ordnen wir mit einer Formel auch jeder ihrer Teilformeln einen Wert W^e zu.

(We) 1. Die Ausgangsformel hat den Wert W^e_o, wobei

$$W^e_o = \begin{cases} 0, & \text{wenn sie konstant ist,} \\ 1, & \text{sonst.} \end{cases}$$

2. Die Peripherien einer Formel vom Wert W^e_i haben den Wert W^e_{i+1}, wobei

$$W^e_{i+1} = \begin{cases} W^e_i, & \text{wenn einer von beiden Peripherietermen die Gestalt 'e' hat,} \\ W^e_i + 1, & \text{sonst.} \end{cases}$$

In einer Normalform und daher auch in einer nach Vorschrift erweiterten Formel f können Konstante nur als Peripherieterme vorkommen. Sie besitzen demnach Werte W^e. Wir definieren nun die charakteristische Zahl Z_e einer Normalform als die Summe der Werte aller in ihrer Erweiterung vorkommenden Konstanten e:

(Ze) $$Z_e(f) = \sum_{e \text{ in } f} W^e(e) \quad .$$

Analog können wir Werte W^n definieren, indem wir in (We) überall 'e' mit 'n' vertauschen. Die charakteristische Zahl Z_n einer Normalform ist dann entsprechend erklärt durch

(Zn) $$Z_n(f) = \sum_{n \text{ in } f} W^n(n).$$

Auf der Grundlage der charakteristischen Zahlen führen wir die folgenden Relationen ein.

(Ke) Eine Normalform f ist 'e-kürzer', 'e-länger', 'e-längengleich' in bezug auf eine Normalform g, wenn resp.

$$Z_e(f) < Z_e(g),\quad Z_e(f) > Z_e(g),\quad Z_e(f) = Z_e(g)$$

gilt.

(Kn) Eine Normaform f heißt 'n-kürzer', 'n-länger', 'n-längengleich' in bezug auf eine Normalform g, wenn resp.

$$Z_n(f) < Z_n(g),\quad Z_n(f) > Z_n(g),\quad Z_n(f) = Z_n(g)$$

gilt.

Weiter unten werden wir noch die folgenden Attribute von Formeln benötigen:

(G) Eine Normalform heißt 'e-günstig' ('n-günstig'), wenn ihre charakteristische Zahl Z_e kleiner (größer) als ihre charakteristische Zahl Z_n ist.

(H) Eine Normalform heißt 'kürzestes e(n)-Äquivalent', wenn es keine äquivalente e(n)-kürzere Normalform gibt.

Als Beispiel verwenden wir die folgenden drei Normalformen.

(f) $eX_1X_2 . X_3 . eX_4X_5$

(g) $X_1 . X_2 . eX_3X_4$

(h) $X_1X_2e . X_3 . e : X_4 : e :. X_5 :. e$

Nach Vorschrift wenden wir (R4) an und erhalten resp.

(fi) $e . X_1 . eX_2n : X_3 : e . X_4 . eX_5n$

(gi) $eX_1n : X_2 : e . X_3 . eX_4n$

(hi) $eX_1n . X_2 . e : X_3 : e :. X_4 :. e :: X_5 :: e$

Die Werte der Konstanten sind von links nach rechts(Werte W^e sind unterstrichen):

(fii) $\underline{2}$, $\underline{2}$, 3, $\underline{2}$, $\underline{2}$, 3

(gii) $\underline{2}$, 2, $\underline{2}$, $\underline{2}$, 3

(hii) $\underline{1}$, 5, $\underline{1}$, $\underline{1}$, $\underline{1}$, $\underline{1}$

Als charakteristische Zahlen erhalten wir schließlich

$$Z_e(f) = 8, \quad Z_n(f) = 6;$$
$$Z_e(g) = 6, \quad Z_n(g) = 5;$$
$$Z_e(h) = 5, \quad Z_n(h) = 5.$$

Weitere Beispiele kann man der Übersetzungstabelle der zehn nichttrivialen zweistelligen Funktoren in § 2 entnehmen. Alle Formeln bis auf die Entsprechungen von Äquivalenz und Kontravalenz, - die beiden untersten in der Tabelle, - haben die charakteristischen Zahlen 2, während diese beiden die charakteristischen Zahlen 4 besitzen und daher e- wie n - länger als jene sind.

Wir wollen nun zeigen, wie jeder Normalform derart je eine (gewöhnliche) disjunktive und konjunktive Normalform des KAN-Kalküls als' Übersetzung zugeordnet werden kann, daß die Relationen 'e(n) - kürzer', ' - länger', '-längengleich' zwischen zwei Normalformen mit den namensgleichen Relationen zwischen ihren Übersetzungen in disjunktive (konjunktive) Normalformen des KAN-Kalküls zusammenfallen. Analog korrelieren die Attribute 'e(n)-günstig' mit den Attributen 'die Übersetzung in die disjunktive (konjunktive) Normalform liefert einen kürzeren Ausdruck als die in die konjunktive (disjunktive) Normalform'.

Zunächst müssen wir eine Vorschrift zur Übersetzung unserer Formeln in solche des KAN-Kalküls geben. Diese Übersetzung besteht im wesentlichen darin, daß man die Anordnung der Peripherien innerhalb der Formeln mit

Hilfe von Konjunktionen, Disjunktionen und Negationen angibt. Wir beschränken uns auf die Übersetzung von Normalformen; die Verallgemeinerung für beliebige Formeln läßt sich ohne Schwierigkeit unserer Darstellung entnehmen, wird aber im Folgenden nicht benützt.

(Ue) Wir wenden wieder wie zu Beginn dieses Paragrafen die Regel (R4) an, um nichtkonstante Peripherieatome der zu übersetzenden Normalform in die Form ean zu bringen. Danach ordnen wir jeder Konstanten e als 'Rang' R(e) die Anzahl ihrer Zentren zu. Um die disjunktive Normalform zu erhalten, beschreibt man, mit den Konstanten vom niedrigsten Rang beginnend, den Weg zu jeder Konstanten e vom Zentrum der Formel aus: man schreibt die Zentren nacheinander an und überstreicht sie bei Rechtsrichtung des von ihnen ausgehenden Wegabschnitts, sonst nicht. Anschließend werden die betreffende Konstante e und das zuletzt notierte Zentrum in der Ausgangsformel gestrichen. Enthält diese Formel danach noch weitere Konstanten e, so wird das Verfahren mit einer anderen Konstanten e des gleichen, oder, wenn es keine solche gibt, des nächsthöheren Ranges wiederholt. Schließlich verknüpft man die einen Weg darstellenden Zentren konjunktiv und alle so erhaltenen Konjunktionen disjunktiv.

(Un) Eine konjunktive Normalform erhält man, wenn man in (Ue) 'e' mit 'n', 'disjunktiv' mit 'konjunktiv', 'Disjunktion' mit 'Konjunktion' und 'rechts' mit 'links' vertauscht.

Eine ausführliche Rechtfertigung dieses Vorgehens wollen wir unterdrücken da sie leicht aus der erwähnten Tabelle des § 2 abgeleitet werden kann.

Wir demonstrieren des Verfahren an unseren Beispielformeln f, g, h.

Die Ränge der Konstanten sind resp.

(fiii) $\underline{2}$, $\underline{3}$, 3, $\underline{2}$, $\underline{3}$, 3;
(giii) $\underline{2}$, 2, $\underline{2}$, $\underline{3}$, 3;
(hiii) $\underline{5}$, 5, $\underline{4}$, $\underline{3}$, $\underline{2}$, $\underline{1}$;
als disjunktive Normalformen erhalten wir damit

(fiv) $(X_3 \,\&\, X_1) \vee (X_3 \,\&\, X_2) \vee (\bar{X}_3 \,\&\, X_4) \vee (\bar{X}_3 \,\&\, X_5)$,

(giv) $(X_2 \,\&\, X_1) \vee (\bar{X}_2 \,\&\, X_3) \vee (\bar{X}_2 \,\&\, X_4)$,

(hiv) $\bar{X}_5 \vee \bar{X}_4 \vee \bar{X}_3 \vee \bar{X}_2 \vee X_1$;

als konjunktive Normalformen:

(fv) $(\bar{X}_3 \vee \bar{X}_1 \vee X_2) \,\&\, (X_3 \vee X_4 \vee X_5)$,

(gv) $(\bar{X}_2 \vee X_1) \,\&\, (X_2 \vee X_3 \vee X_4)$,

(hv) $\bar{X}_5 \vee \bar{X}_4 \vee \bar{X}_3 \vee \bar{X}_2 \vee X_1$.

Zum Abschluß weisen wir ohne Diskussion auf die folgenden recht interessanten Tatsachen hin.

1. Die charakteristischen Zahlen geben die Anzahlen der Atome in den KAN-Normalformen an.

2. Die Summe der Anzahlen von Konstanten e (n) und Peripherieatomen einer Formel ist der Anzahl der Disjunktions- (Konjunktions-) Glieder in der entsprechenden disjunktiven (konjunktiven) Normalform gleich,

3. ebenso sind die Werte der Konstanten e (n) den Anzahlen der Atome in den einzelnen Disjunktions- (Konjunktions-) Gliedern gleich.

4. Während man im KAN-Kalkül bei Vorlage etwa einer disjunktiven Normalform i. A. keine Aussagen über eine äquivalente konjunktive Normalform machen kann, sondern diese dazu erst gesondert aufzustellen hat, bietet der Kalkül über der bedingten Disjunktion den Vorteil, es nur mit einer Art von Normalformen zu tun zu haben, aus welchen man die gewünschten Daten ohne zusätzliche Ableitungen beziehen kann. Dieser Umstand wird in den folgenden Paragrafen nicht immer erwähnt werden. Es werde deshalb schon hier betont, daß später aufgestellte Aussagen über nur eine bestimmte KAN-

Normalform leicht mutatis mutandis in Aussagen über die duale Normalform übertragen werden können [Anm. 23].

§ 6. Ein Verkürzungsverfahren.

Nach den Überlegungen des vorhergehenden Abschnitts bedeutet 'Verkürzung einer Formel' im Sinne der dort eingeführten Relationen 'Reduktion einer charakteristischen Zahl der Formel.'

Aus den Definitionen der charakteristischen Zahlen und der Werte von Teilformeln folgt, daß eine Verkürzung, wenn überhaupt, auf dreierlei Weise bewirkt werden kann:

1. durch Verringerung der Stufenkennzahl der Formel,
2. durch Elimination von Atomen in Peripherien, m. a. W., durch Verkleinerung der Stufenkennzahl von Teilformeln,
3. durch Ersatz von Atomen durch Konstante.

Wir wenden uns zunächst Punkt 2 zu und zeigen, daß Normalformen bereits in gewissem Sinne (zumindest) Approximationen an ihre kürzesten Äquivalente darstellen.

Satz. Aus Normalformen können Variable, die nur einmal vorkommen, nicht mehr eliminiert werden.

Beweis. Vollständige Elimination von Variablen ist nur durch die Regeln (R1), (R2), (R5), (R10) möglich. Die in diesen Regeln links vom Zeichen 'aeq' stehenden Formeln sind nicht in Normalform und können daher auch nicht Teilformeln von Normalformeln sein. Eine unmittelbare Anwendung dieser Regeln auf Normalformen ist somit ausgeschlossen.

Es könnte aber denkbar erscheinen, daß Normalformen durch die (eventuell kombinierte) Anwendung von Transformationsregeln in eine Gestalt gebracht werden, welche die Verwendung der genannten Regeln ermöglicht. Wir zeigen nun, daß dies nicht der Fall sein kann. - Von den dualen Regelpaaren (R1, R2), (R8, R9), (R11, R12), (R18, R19) greifen wir nur je eine Regel heraus. Die Überlegungen gelten nach den oben beschriebenen Vertauschungen auch für ihre Duale.

1. Fall : Regel (R1). Da eine Formel aeb weder selbst Normalform ist noch als Bestandteil darin auftreten darf, könnte eine Normalform nur dann durch die Regel (R1) verkürzt werden, wenn sie zuvor durch gewisse Transformationsregeln in die Form aeb gebracht worden wäre. Dies setzte die Anwendung einer der Regeln voraus, die durch Vertauschungen von Termen das Zentrum verändern, und zwar in unserem Falle in die Konstante e. Transformationsregeln, die Veränderungen des Zentrums herbeiführen, sind die Regeln (R1), (R5), (R7), (R8), (R9) und (R18). Wir zeigen für jede dieser Regeln, daß die Ausgangsformel nicht eine Normalform sein kann oder nicht den Bedingungen des Satzes genügt, wenn 'e' im Zentrum des Resultats der Umformung stehen soll.

(R1) Um aeb zu erhalten, müßte die Ausgangsformel 'a' lauten. Sie kann durchaus eine Normalform sein. Falls b nicht darin vorkommt, entspricht die Formel nicht den Bedingungen des Satzes; wenn aber b in a enthalten ist, dann wird b durch die Anwendung von (R1) dort nicht eliminiert.

(R5) Wir können zwar mit (R5) eine Formel aea aus einer Normalform a erhalten, Anwendung von (R1) führt dann aber nur zur Ausgangsformel zurück.

(R7) Wollten wir mit (R7) auf eine Formel der Form aeb gelangen, etwa auf die Formel adf.e.cdg, so müßte die Ausgangsformel aec.d.feg lauten, wäre also nicht in Normalform.

(R8) Die Elimination eines Terms könnte erreicht werden, wenn wir über Regel (R5) eine Formel eae in eea umformen. Eine Formel eae ist jedoch nicht in Normalform.

(R9) Analog (R8) hätten wir hier die Ausgangsformel ebn, die keine Normalform ist.

(R18) Aus einer Normalform ebc können wir zwar mit (R18) zur Formel ebc.e.nbc kommen, Anwendung von (R1) bringt aber keine Elimination.

2. Fall : Regel (R5). Auf eine Formel aba, welche Elimination von b durch (R5) erlaubt, können wir wesentlich durch die Anwendung von (R7), (R8), (R10) oder (R13) auf geeignete Ausgangsformeln gelangen. Diese Ausgangsformeln können jedoch nicht Normalformen sein:

(R7) Die transformierte Formel müßte die Gestalt ada.b.cdc angenommen haben, ausgehend von einer Formel abc.d.abc, die nicht in Normalform ist.

(R8) (Umkehrung von Unterfall (R8) des ersten Falles).

(R10) Hier müßte als Ausgangsformel eine Formel abc.b.dba vorgelegen haben, die aber nicht in Normalform gewesen wäre. Auch die Annahme, man hätte die transformierte Formel über (R18) erhalten, würde zu einer Ausgangsformel ebe oder bb$\bar{b}$ führen, die nicht in Normalform wäre.

(R13) Hier wäre die Ausgangsformel entweder von der Gestalt a.bgb.c oder von der Gestalt a.bgd.a, wäre also keinesfalls eine Normalform.

3. Fall : Regel (R10). Zu Formel der linken Seite von (R10) kann man über die Regeln (R6), (R7), (R13), (R18) kommen.

(R6) Die Ausgangsformel müßte hier die Form abc.dbd.gbh haben, demnach nicht die einer Normalform. Sie könnte allenfalls über (R7) aus a.dbd.g:b:c.dbd.h gewonnen worden sein, d.h. aber wiederum: nicht aus einer Normalform.

(R7) Die Möglichkeit der Anwendung dieser Regel würde voraussetzen, daß die Zentren der Teilformeln mit dem Zentrum der Formel selbst übereinstimmen. Dies widerspricht der Definition der Normalform.

(R13) Hier müßte das Zentrum der Ausgangsformel 'bbb' oder 'bdb' lauten und könnte aus b mit (R5) entstanden sein. Der erste Fall bringt keine Elimination; im zweiten Fall schließen wir nach Unterfall (R1) bei der obigen Behandlung der Regel (R1).

(R18) Eine Ausgangsformel bbc könnten wir zwar nach Regel (R11) aus einer Normalform ebc abgeleitet haben: die Anwendung der Regel (R10) auf die Transformation in die Formel ebc. b. nbc führt dann aber nicht zur Elimination aller Vorkommen eines Terms.

Mit Abschluß des Beweises haben wir nicht nur die Aussage fundiert, wonach die Normalformen bereits Näherungslösungen des Verkürzungsproblems darstellen, sondern auch schon wesentliche Schritte des im Folgenden beschriebenen Verkürzungsverfahrens begründet.

Das Verkürzungsverfahren besteht aus der alternativen Anwendung von Regeln (R16), (R17) und der Normalformtransformation. Die genannten Regeln sind die einzigen zur Verkürzung von Normalformen, und zwar zur Verkürzung nach Punkt 2. Verkürzungen nach 1. und 3. werden durch die Herstellung der Normalform erreicht.

Im einzelnen geht man folgendermaßen vor.

1. Man nimmt eine charakteristische Zahl willkürlich derart hoch an, daß die charakteristische Zahl der Normalform der zu verkürzenden Formel mit Sicherheit darunter liegt. Hinreichend ist z. B., wenn k die Anzahl der verschiedenen Variablen der Formel ist, 2^k anzusetzen [Anm. 24].

2. Man bildet die Normalform der Formel und stellt die charakteristische Zahl fest. Hat sie sich gegenüber dem vorigen Wert nicht vermindert, so bricht hier das Verfahren ab.

3. Nach dem oben formulierten Satz ist das Verfahren auch dann beendet, wenn die in der Normalform vorkommenden Variablen paarweise verschieden sind.

4. Man wendet die Regeln (R16) oder (R17) an. Dies ist entweder un-

mittelbar möglich, oder aber die Formel muß zuvor geeignet umgeformt werden. Dazu zieht man mit Hilfe von (R7) Peripherien mit nichtleerem Durchschnitt in Teilformeln von immer niederer Stufe zusammen, - fehlende Zentren werden durch (R4), (R5), (R8), (R9), (R18), (R19) eingeführt, - bis die genannten Regeln anwendbar werden.

5. Man wiederholt ab 2.

Wir geben zwei Beispiele an.

(B1)		abc.d:baf	(Normalform)
	aeq	ebc.a.nbc:d:baf	(R18)
	aeq	ebc.d.b:a:nbc.d.f	(R7)
	aeq	e.b.cdn:a:nbc.d.f	(R16) (Normalform)

Die charakteristische Zahl Z_e = 12 hat sich nicht verringert : Verkürzung war nicht möglich.

(B2)		n.a.ebc:d:e.a.$\bar{c}$bc	(Normalform)
	aeq	nde:a:ebc.d.$\bar{c}$bc	(R7)
	aeq	nde:a:ed$\bar{c}$.b.c	(R17)
	aeq	$\bar{d}$:a:ed$\bar{c}$.b.c	(Normalform)

Die charakteristische Zahl Z_e hat sich um 3 (von 14 auf 11) vermindert; demnach ist eine Verkürzung eingetreten. Die Wiederholung des Verfahrens bringt keine weitere Verkürzung:

...	aeq	$\bar{d}$:a:ebc.d.$\bar{c}$bc	(R5, R7)
	aeq	n.a.ebc:d:e.a.$\bar{c}$bc	(R7, R17) (Nf.)

§ 7. Kriterium der Verkürzbarkeit.

Eine notwendige Bedingung für die Möglichkeit der Verkürzung einer Normalform folgt aus dem Satz des vorhergehenden Paragrafen: eine Normalform kann höchstens dann verkürzbar sein, wenn in ihr mindestens eine Variable mehrfach vorkommt. Speziell bedeutet dies, daß Normalformen erster Stufe nicht verkürzbar sein können. Intuitiv vermag man diesen Sachverhalt schon den Regeln (R1) und (R2) zu entnehmen. Sie zeigen, daß eine Formel abc von jeder ihrer Komponenten abhängig ist, d.h., kein Term ist entbehrlich oder durch eine Konstante zu ersetzen.

Normalformen höherer als erster Stufe lassen sich, wenn überhaupt, durch Anwendung der Regeln (R16) oder (R17) verkürzen, wie wir gerade gesehen haben. Wir wollen den einfachen Fall ausscheiden, daß diese Regeln unmittelbar auf die Normalform anwendbar sind, und nach einer Formulierung der allgemeinen Bedingungen zur Anwendbarkeit dieser Regeln fragen.

Wir bringen zunächst die Formel unter Verwendung von Regel (R5) in die Gestalt

(Fl) abc.d.fbg

wenn sie diese nicht schon zuvor hatte.

Dann deuten wir den metasprachlichen Ausdruck

(Vk) $af\bar{a}$ <u>vel</u> $cg\bar{c}$

wie folgt als Kriterium für die Verkürzbarkeit von (Fl).

1. Die Formel (Fl) ist verkürzbar, wenn (Vk) auf die Konstante e, nicht verkürzbar, wenn (Vk) auf n reduzierbar ist.

2. (Fl) ist ferner verkürzbar, wenn sich aus $af\bar{a}$ oder aus $cg\bar{c}$ mindestens eine, aber nicht alle Variablen, oder, wenn in a und f bzw. c und g eine Variable sowohl überstrichen als auch nicht überstrichen vorkommt, eines dieser Atome eliminieren lassen.

Der erste Teil der Behauptung sagt aus, daß (R16) oder (R17) anwendbar sind, wenn resp. die Formeln a und f oder die Formeln c und g äquivalent sind, nicht anwendbar, wenn Kontravalenzen vorliegen, wie man der

Darstellung von Äquivalenz und Kontravalenz in der Tabelle des § 2 entnimmt. Damit folgt aber die Richtigkeit der Aussage direkt aus den Formen der Regeln (R16) und (R17).

Den Beweis des zweiten Teiles der Behauptung führen wir durch folgende Überlegung. Angenommen, die Reduktion von (Vk) führe durch Elimination einer Variablen b auf die Form

(Vk$^+$) a <u>vel</u> c.

Für alle jene Spezialisierungen, d.h. hinzeichend oftmalige Anwendung von Regel (S), die (Vk$^+$) in einen wahren Satz überführen würden, wäre nach Teil 1 der Behauptung (Fl) verkürzbar. Diese Spezialisierungen sind aber, da b nach Voraussetzung in mindestens einem Disjunktionsglied von (Vk$^+$) nicht mehr vorkommt, von b unabhängig. Das heißt jedoch, daß (Fl) ' in bezug auf b ' jedenfalls verkürzbar ist. Intuitiv können wir diesen Sachverhalt dahingehend interpretieren, daß es für das in (Vk$^+$) eliminierte Vorkommen von b in der überprüften Normalform gleichgültig ist, ob b in einem Links- oder in einem Rechtsterm auftritt. In den Regeln (R16) und (R17) wird gerade von dieser Irrelevanz wesentlich Gebrauch gemacht.

Für die beiden Normalformen (B1), (B2) in § 6 erhalten wir beispielsweise:

(B1)		abc.d.baf				
	(Vk)	abc.b.$\bar{a}b\bar{c}$	<u>vel</u>	abc.f.$\bar{a}b\bar{c}$		(R5, R15)
		$ab\bar{c}$	<u>vel</u>	(a$\bar{a}\bar{a}$	<u>vel</u> c$\bar{c}\bar{c}$)	(R10, Vk)
		$ab\bar{c}$	<u>vel</u>	n		(R14, D, R4, R10)

Die linke Seite dieser Disjunktion zeigt, daß keine Elimination stattgefunden hat, die rechte Seite, daß auch auf der rechten Seite keine Verkürzung, umso mehr keine Elimination möglich ist. Insgesamt entscheidet das Kriterium also, wie erwartet, zu Ungunsten der Verkürzbarkeit von (B1).

(B2) n.a.ebc:d:e.a.$\bar{c}$bc

(Vk)	nen	<u>vel</u>	ebc.$\bar{c}$bc.nb$\bar{c}$	(R14, D, R1)
	n	<u>vel</u>	$\bar{c}$.b.cc$\bar{c}$	(R1 ; R6. R4)
	n	<u>vel</u>	$\bar{c}$be	(R4, D, R10, R5)

In (Vk) konnte das syntaktisch durch 'c' bezeichnete Atom eliminiert werden, (B2) kann demnach 'in bezug auf c' verkürzt werden. In der Tat ist auch diese Verkürzung oben durchgeführt worden.

§ 8. Don't Care-Bedingungen.

Wir wenden uns nun einer besonderen Problemstellung zu, die man gewöhnlich als 'Synthese (von Schaltkreisen)' bezeichnet.

Die Aufgabe lautet hier folgendermaßen. Es ist ein im definierten Sinne kürzester Ausdruck zu suchen, der gewissen vorgegebenen Bedingungen genügt. Diese Bedingungen sind im KAN-Kalkül formuliert. Das System der Bedingungen braucht nicht vollständig zu sein, d.h., es muß nicht für eine jede mögliche Belegung der verwendeten Aussagenvariablen einen Wahrheitswert definieren, sondern darf unbestimmte Fälle, sog. Don't Care-Bedingungen enthalten.

Unsere Methode zur Lösung dieser Aufgabe besteht darin, daß wir die gegebenen Bedingungen als Beschreibungen der Wege zu Peripheriekonstanten auffassen. Ist eine solche Konstante nicht definiert, d.h., liegt ein Don't Care-Fall vor, so setzen wir für sie das syntaktische Zeichen 'o' ein. Haben wir schließlich alle Wege erfaßt, dann spezialisieren wir diese syntaktischen Zeichen nach 'e' oder 'n' derart, daß die Regeln (R5) oder (R16), (R17) anwendbar werden. Wir gelangen auf diese Weise zu einer Normalform, auf welche wir das Verkürzungsverfahren anwenden können.

Übrigens erkennt man sehr leicht, ob das System der Bedingungen konsistent ist oder nicht : Inkonsistenz liegt offenbar genau dann vor, wenn derselbe Weg zu verschiedenen Konstanten führen müßte.

Es sei beispielweise ein kürzester Ausdruck zu suchen, der die folgenden Bedingungen erfüllt :

(1) $X_1 \;\&\; X_2 \;\&\; \bar{X}_3 \quad \underline{aeq} \quad e$

(2) $X_1 \;\&\; \bar{X}_2 \;\&\; X_3 \quad \underline{aeq} \quad e$

(3) $\bar{X}_1 \;\&\; X_2 \;\&\; X_3 \quad \underline{aeq} \quad n$

(4) $\bar{X}_1 \;\&\; \bar{X}_2 \;\&\; X_3 \quad \underline{aeq} \quad e$

Wir setzen an unter Verwendung des Zeichens 'o' :

(1) $e\bar{X}_3o \;.\; X_2 \;.\; o \;:\; X_1 \;:\; o$

(2) $o \;.\; X_2 \;.\; eX_3o \;:\; X_1 \;:\; o$

(3) $o \;:\; X_1 \;:\; nX_3o \;.\; X_2 \;.$

(4) $o \;:\; X_1 \;:\; o \;.\; X_2 \;.\; eX_3o$

$$e\bar{X}_3o \;.\; X_2 \;.\; eX_3o \;:\; X_1 \;:\; nX_3o \;.\; X_2 \;.\; eX_3o$$

Spez.: e e n e

Nach Anwendung der Regeln (R5) und (D) erhalten wir die Formel

$$e\,X_1\bar{X}_2 ,$$

oder - nach ihrer Übersetzung in den KAN-Kalkül,

$$X_1 \vee \bar{X}_2 .$$

Diese Disjunktion hat offenbar die gesuchte Eigenschaft.

Wir hätten natürlich den Ansatz für Bedingung (1) auch so wählen können, daß wir insgesamt

$$oX_3e \,.\, X_2 \,.\, eX_3o \;:\; X_1 \;:\; nX_3o \,.\, X_2 \,.\, eX_3o$$

Spez.: e e n e

und danach ebenfalls die beiden obigen Resultatformeln erhalten hätten.

§ 9. SHANNON-CHURCH-Normalform.

Als ein Beispiel für eine weitere Anwendungsmöglichkeit des Kalküls über der bedingten Disjunktion streifen wir kurz einige Begriffe des SHANNON-schen Verfahrens, allerdings ohne auf es selbst einzugehen.

Grundlage bildet wieder eine Normalform, die wir zum Unterschied sowohl von der bisher verwendeten als auch von der bei SHANNON benutzten 'SHANNON-CHURCH-Normalform (SCN)' nennen wollen. Sie ist wie folgt definiert.

1. Formeln nullter und erster Stufe, die in der (seitherigen) Normalform

sind, sind auch in SCN.

2. Eine Formel abc von zweiter oder höherer Stufe ist in SCN genau dann, wenn

(a) keine Konstante in irgendeinem Zentrum steht,

(b) b ein Term in SCN ist, dessen Variable weder in a noch in c vorkommen,

(c) a und c in SCN, voneinander verschieden und nicht beide zugleich konstant sind,

(d) die Zentren der Formel derart geordnet werden können, daß in der Peripherie eines Zentrums höherer Ordnung, wenn überhaupt, nur Zentren von niederer Ordnung vorkommen.

Zur Übersetzung von SCN-Formeln in solche des KAN-Kalküls können wir, da keine Konstanten als Zentren auftreten, wieder die Übersetzungsvorschrift (Ue) anwenden. Wir müssen dabei lediglich beachten, daß nunmehr auch die Zentren zusammengesetzte Formeln sein dürfen.

Das Analoge gilt für die charakteristischen Zahlen Z_e, deren Definition wir im übrigen von oben übernehmen.

Damit ist dann auch die Einführung der Relationen 'e-kürzer' usw. in der früher angegebenen Weise möglich. Die Besonderheiten der SHANNONschen Aufgabenstellung bringen es aber mit sich, daß die 'kürzer'-Relation noch zusätzlichen Bedingungen unterworfen sein kann. Solche Bedingungen spiegeln sich in unserem Kalkül wider in der Form von Forderungen in bezug auf die Stufenkennzahlen von Formeln oder die charakteristischen Zahlen von Zentren und Peripherien. Z. B. kann verlangt werden, daß deren Differenz ein Minimum werden soll u. dgl..

§ 10. Probleme der Schaltwerktheorie.

In der Theorie der Schaltwerke oder der 'streng synchronisierten Sequenzmaschinen' finden wir uns drei Problemen konfrontiert. Wir werden diese Probleme im Folgenden jeweils skizzieren und daran Bemerkungen knüpfen, inwieweit der Kalkül über der bedingten Disjunktion oder das beschriebene Minimisierungsverfahren zu ihrer Bearbeitung beitragen kann.

1. Das Darstellungsproblem. Es besteht darin, die Beschreibung des Verhaltens von Sequenzmaschinen in einem der üblichen logistischen Systeme vorzunehmen. KLEENE hat dieses Problem (1956) formuliert und einige wichtige Theoreme darüber ausgesprochen.

Ansätze zur Lösung des Problems stammen von

(a) KLEENE : der Autor verwendet den elementaren einstelligen Prädikatenkalkül mit der Möglichkeit, Quantoren zu restringieren, d.h., Quantoren auf bestimmte Klassen von Individuen (aus dem unendlichen Individuenbereich) zu beschränken ;

(b) BERKELEY u.a. : zieht Prädikatenkalküle wie KLEENE oder auch solche mit nur freien Individuenvariablen heran unter Zusatz eines oder mehrerer sog. Delay-Operatoren [Anm. 25];

(c) CHURCH: benützt einen Aussagenkalkül [Anm. 26]. Die Beschreibung des Verhaltens einer Maschine erfolgt durch Definition bestimmter Formelfolgen (k-Tupel) durch simultane Rekursion.

Von unserem Standort aus ist die Darstellung nach CHURCH die nächstliegende. Neben 'technischen' Vorteilen, wie sie das Verkürzungsverfahren für aussagenlogische Formeln mit sich bringt, könnte hier der Einsatz der in den vorhergehenden Abschnitten entwickelten Hilfsmittel z. B. bei der Behandlung von Dualitätsfragen in bezug auf Sequenzenmaschinen nützlich sein und damit zugleich zur Bearbeitung des folgenden Problems beitragen.

2. Das Problem der Maschinenklassifikation. Gefragt ist hier nach Kriterien zu einer feineren Klasseneinteilung der Maschinen, um dadurch die Theorie etwas übersichtlicher zu machen und die Formulierung klassenspezifischer Theoreme zu ermöglichen.

3. Das Reduktionsproblem. Aufgabe ist, die Möglichkeiten zur Reduktion gegebener Maschinen auf 'kleinere' gleichen Verhaltens zu untersuchen,

m.a.W., Kriterien und Verfahren aufzustellen zur Verringerung der Zahl der internen Zustände einer Maschine, ohne dadurch die Funktion zwischen Ein- und Ausgabe, d.h. das Verhalten der Maschine zu verändern.

Wegen der Verwandtschaft dieser Problemstellungen mit den von uns zuvor behandelten steht zu erwarten, daß sich hier nicht nur intuitiv vielfältige Zusammenhänge zeigen. Detaillierte Aussagen darüber sind uns jedoch derzeit nocht nicht möglich.

Anmerkungen.

1. D.h. nicht-interpretierte Formalismen. - Zur Terminologie vgl. CHURCH (1956), HILBERT-ACKERMANN (1949).

2. CHURCH (1956), 15.4.

3. HILBERT-ACKERMANN (1949), §§ 5, 6. - Vgl. CHURCH (1956) Fn. 299 über PIERCE.

4. 'Atom' ist Name für den Oberbegriff zu 'negierte Variable' und 'nicht-negierte Variable.'

5. NELSON (1955) : 'Simplest Normal Truth Functions'.

6. QUINE (1952), (1955).

7. Wir geben der Schreibung 'Primimplikanten' aus linguistischen Gründen vor anderen den Vorzug.

8. Vgl. a. ZEMANEK (1960), wo man ausführlich behandelte Beispiele findet.

9. Dies setzt natürlich die Existenz entsprechender Entscheidungsverfahren voraus.

10. 'Conditioned Disjunction', CHURCH (1948). - Vgl. a. CHURCH (1956), § 24.

11. D.h. metasprachlich sich selbst bezeichnend.

12. 'Well-formed formula'.

13. D.h., das Trennzeichen t mit nachgesetztem Punkt.

14. 'Middle Term', ROSE (1954).

15. Diese Verschärfung läßt sich z.B. auch erreichen durch Adjunktion der folgenden beiden Regeln zu ROSEs Axiomensystem : 1. b, abc <u>seq</u> a; 2. $\bar{b}$, abc <u>seq</u> c.

16. Die Nichtableitbarkeit von n aus dem Axiomensystem kann folgendermaßen gezeigt werden.

(Anmerkungen, Fortsetzung)

Angenommen, n könnte abgeleitet werden. Da n jedenfalls nicht unmittelbar aus e ableitbar ist, müßte die Ableitung notwendig irgendwann von den Regeln (R1) oder (R2) Gebrauch machen, da diese allein erlauben, höherstufige Formeln in Formeln niedererer Stufe zu transformieren. Wir müßten dazu aus dem Axiomensystem eine Formel neb oder bnn gewonnen haben. Dies wäre jedoch nur dann möglich gewesen, wenn wir n als Prämisse in den Regeln (R1) oder (R2) hätten verwenden dürfen. Die Annahme der Ableitbarkeit von n ist wegen dieses Zirkels zu verwerfen.

17. Die Objekte des (interpretierten) Kalküls sind demnach nicht Sätze selbst, sondern Extensionen von Sätzen.

18. CHURCH (1948) .

19. CHURCH (1956), § 05 .

20. Cf. ROSE (1954), 3 . Regel.

21. S.a. CHURCH (1956), 24.10.

22. Vgl. Forderung 1 am Schluß von § 1.

23. Dies ist im wesentlichen eine Konsequenz der ' Selbstdualität' der bedingten Disjunktion ; cf. CHURCH (1948) .

24. Diese Zahl könnte man als charakteristische Zahl Z_e der CHURCHschen Normalform für die k-stellige Tautologie bezeichnen.

25. Cf. z.B. BERKELEY (1952) bzw. BURKS (1955) .

26. Repräsentiert durch einen quantorfreien einstelligen Prädikatenkalkül. Vgl. CHURCH (1955) und CHURCH (1957).

Literatur

BERKLEY, E.C. (1954). The Algebra of States and Events.
The Scientific Monthly LXXVIII 232-242.

BURKS, A.W. (1955). Rezension JSL XX 194-195.

CHURCH, A. (1948). Conditioned Disjunction as a Primitive for the Propositional Calculus.
Portugaliae Math. VII 87-90.

CHURCH, A. (1955). Rezension JSL XX 286-287.

CHURCH, A. (1956). Introduction to Mathematical Logic.
Volume I. 2nd ed., Princeton.

CHURCH, A. (1957). Application of Recursive Arithmetic to the Problem of Circuit Synthesis.
Sum. Inst. Sym. Logic, Cornell Univ., 3-50.

CURTIS, H.A. (1959). JACM VI 538-547.

DUNHAM, B., und FRIDSHAL , R. (1959). The Problem of Simplifying Logical Expressions.
JSL XXIV 17-19.

HILBERT, D., und ACKERMANN, W. (1949). Grundzüge der theoretischen Logik.
3. Aufl. Berlin - Göttingen - Heidelberg.

KLEENE, S.C. (1956). Representations of Events in Nerve Nets and Finite Automata.
Automata Studies, ed. by C.E. SHANNON and J. McCARTHY. Princeton, Pp. 3-41.

NELSON, R.J. (1955). JSL XX 105-108.

QUINE, W.V. (1955). A Way to Simplify Truth Functions.
The Amer. Math. Monthly LXII 627-631.

ROSE, A. (1954). A Formalisation of the 2-Valued Propositional Calculus With Self-Dual Primitives.
Math. Ann. CXXVII 255-257.

SHANNON, C.E. (1949). The Synthesis of Two - Terminal Switching Circuits.
Bell Syst. Techn. Journal XXVIII 59-98.

ZEMANEK, H., et al. (1960). Programs for Logical Data Processing.
Wien.

Programmierung von Minimisierungsverfahren für zweistufige Logik

von

Viktor Kudielka *)

o. Zusammenfassung

Verfahren zur Minimisierung von zweistufigen logischen Formeln bzw. der entsprechenden Schaltungen sind in größerer Zahl bekannt. Mit wenigen Ausnahmen ([4], [7]) liefern die Verfahren nur eine einzige Lösung. Im folgenden werden zwei Verfahren beschrieben, die alle nicht redundanten Darstellungen der logischen Formeln und daher auch alle Minimumlösungen liefern. Das erste Verfahren [5] folgt bei der Primimplikantensuche (sowie bei der Aufstellung und Reduzierung der Primimplikantentafel) dem Vorschlag von McCluskey [3]; die reduzierte Primimplikantentafel wird jedoch systematisch auf mögliche Lösungen durchsucht. Das zweite Verfahren, einem Vorschlag des Verfassers folgend [8], gelangt zu den gleichen Resultaten über eine sogenannte Auswahlfunktion, deren Variable Aussagen über die Primimplikanten der ursprünglichen Funktion darstellen und deren Primimplikanten die nicht redundanten Lösungen angeben. Die drei verschiedenen Arten von Primimplikanten werden gleich zu Beginn des Verfahrens voneinander getrennt und auch getrennt behandelt. Bei einer geeigneten maschinen-internen Darstellung der logischen Funktionen läßt sich das Verfahren mit Hilfe von zwei Unterprogrammen, von denen jedes bis zu dreimal aufgerufen wird, ausführen. Ein zusätzliches Formelübersetzungsprogramm dient zur Umwandlung von logischen Formeln mit beliebiger Kompliziertheit in die maschinen-interne Darstellung, die bei beiden Minimisierungsverfahren am Anfang gleich ist.

....

*) IBM Österreich, Forschungsgruppe Wien

1. Maschinen - interne Darstellung von logischen Funktionen

Die zweistufige disjunktive Normalform einer Funktion besteht aus einer Reihe von disjunktiv verbundenen Vollkonjunktionen. Man kann sie daher als eine Liste von Elementen (Vollkonjunktionen) aus einer beschränkten Menge (2^N Vollkonjunktionen) darstellen. Jedem Element kann eine bestimmte Kennzahl eindeutig zugeordnet werden. Die Darstellung einer Liste von solchen Elementen kann auf zwei Arten geschehen: Entweder durch die Aufreihung der Kennzahlen der vorhandenen Elemente oder eine vollständige Liste der Elemente, in der nur angegeben ist, ob das entsprechende Element vorhanden ist oder nicht. Der Speicherraumbedarf für Funktionen mit N Variablen ist im ersten Fall im Mittel $N \cdot 2^{N-1}$, im zweiten konstant 2^N. Für die Darstellung der zweistufigen Normalform einer Funktion ist daher eine Liste binärer Elemente vorzuziehen. Im folgenden wird diese Liste als 'Funktionswertesatz' bezeichnet. Ähnlich kann eine Vollkonjunktion durch eine Liste von N binären Elementen, die die Bejahung bzw. Verneinung der einzelnen Variablen angeben, dargestellt werden. Diese Liste soll analog als 'Variablenwertesatz' bezeichnet werden. Der Zusammenhang zwischen Variablenwertesatz (als Darstellung einer Vollkonjunktion) und Funktionswertesatz soll so hergestellt werden, daß der als Binärzahl aufgefaßte Variablenwertesatz die Stelle innerhalb des Funktionswertesatzes angibt, die der Vollkonjunktion entspricht. Ein einfaches Beispiel soll das veranschaulichen: Die logische Funktion in ihrer disjunktiven Normalform soll lauten:

$$F = (\neg X1 \& \neg X2 \& \neg X3) \vee (X1 \& \neg X2 \& \neg X3) \vee (\neg X1 \& X2 \& \neg X3) \vee$$
$$\vee (X1 \& \neg X2 \& X3) \vee (\neg X1 \& X2 \& X3)$$

Die Vollkonjunktionen werden durch Variablenwertesätze dargestellt, z. B., $\neg X1 \& X2 \& X3$ durch 011 (das entspricht der Binärzahl 6) [1] Die komplette Liste der Vollkonjunktionen der Funktion F lautet:

....

1) Der Variablenwertesatz wird ebenso wie der Funktionswertesatz mit der niedrigsten Stelle links beginnend angeschrieben. Das Ablesen der Binärzahl, die man normalerweise - der arabischen Tradition entsprechend - von rechts nach links liest, ist hier etwas ungewohnt.

X1	X2	X3
0	0	0
1	0	0
0	1	0
1	0	1
0	1	1

und der Funktionswertesatz mit 2^N Stellen (der Index J läuft von 0 bis 2^N-1):

F [J] = 1 1 1 0 0 1 1 0

Die erste Stelle entspricht dem Variablenwertesatz 000, die zweite 100 usw. Im Verlaufe des Minimisierungsverfahrens sind aber außer Vollkonjunktionen auch normale Konjunktionen, z. B. Primimplikanten, darzustellen. Dazu werden zwei Variablenwertesätze von der Länge N, der max. Zahl der Variablen benutzt. Der erste Variablenwertesatz gibt in den einzelnen Stellen an, ob die Variable vorhanden ist oder nicht und der zweite, ob die Variable bejaht oder verneint auftritt, z. B. für ¬ X1&¬X3 & X4

K1 [i] = 1 0 1 1
K2 [i] = 0 $\underline{0}$ 0 1 .

Der Wert der unterstrichenen Stelle ist nicht wesentlich.

Auf ähnliche Art können mit zwei Funktionswertesätzen teilweise unbestimmte Funktionen dargestellt werden. Aus mehreren Möglichkeiten wurde folgende Darstellung wegen des im speziellen Fall einfacheren Programms gewählt:

Der erste Funktionswertesatz F 1 [J] enthält die Funktionen mit allen unbestimmten Vollkonjunktionen gleich 1,

der zweite Funktionswertesatz F2 [J] enthält die Funktionen mit allen unbestimmten Vollkonjunktionen gleich 0.

2. Formelübersetzung

Um als Eingangsinformation für das Minimisierungsverfahren beliebige logische Formeln verwenden zu können, wird ein Formelübersetzungsprogramm benutzt, das die Funktion in disjunktiver Normalform als Funktionswertesatz liefert. In der Eingabe sind folgende zweistellige Operatoren zulässig:

Konjunktion	(et)	E
Disjunktion	(vel)	V
Disvalenz	(Antivalenz)	A .

Diese drei können noch mit dem einstelligen Negationsoperator N kombiniert werden, so daß von den neun wesentlich verschiedenen ein- und zweistelligen Operatoren (vier weitere sind trivial und drei gehen durch Vertauschung der Operanden aus anderen hervor) sieben durch ein Symbol mit max. zwei Buchstaben dargestellt werden. Die zwei restlichen Operatoren müssen unter Zuhilfenahme von Klammern geschrieben werden:

Peirce (NOR-) funktion: N ( ) EN ( ) bzw.
N (( ) V ( ))

und

Sheffer (NAND-) funktion: N ( ) VN ( ) bzw.
N (( ) E ( )) .

Klammern sind in beliebiger Zahl zur Zusammenfassung von Ausdrücken zulässig, eine Präzedenz der Operatoren untereinander ist nicht vorgesehen. Die Variablen werden mit X und einer oder zwei Ziffern als Ordnungszahl bezeichnet. Indizes werden hier entweder direkt dem Namen (identifier) beigegeben oder als Laufvariable eines Feldes in eckige Klammern gesetzt.

Da das Übersetzungsprogramm die Formel einerseits ohne vorherige Angabe über die Anzahl der Variablen annehmen und andererseits mit einem möglichst geringen Speicherraum auskommen soll, ist der Ablauf in zwei Teile gegliedert. Zunächst wird die Formel eingelesen, die Klammerstruktur der Formel aufgelöst [6] und eine Liste von Unterprogrammaufrufen generiert. Die dabei Verwendung findenden Unterprogramme stellen praktisch Pseudobefehle für eine logische Maschine mit Akkumulator und Speicherplätzen dar, die mit einer Wortlänge von 2^N bit, entsprechend den Funktionswertesätzen, arbeitet. Da N erst nach dem Einlesen bekannt ist, muß das Programm, d. h. die Liste der Unterprogrammsprünge, zuerst generiert werden. Dann erst kann die Wortlänge berechnet und als Parameter in die Unterprogramme eingesetzt werden.

Als Namen für die Unterprogramme ist ein Code mit kombinierbaren Symbolen verwendet worden. Ein Symbol aus der ersten Gruppe kann mit einem beliebigen Symbol aus der zweiten Gruppe bzw. zusätzlich mit der Negation kombiniert werden:

1. Gruppe:

CS Verknüpfe Akkumulatorinhalt mit dem Inhalt der Speicherzelle m

CX Verknüpfe Akkumulatorinhalt mit der Variablen Xi

ST Bringe Akkumulatorinhalt in die Speicherzelle m (nicht weiter kombinierbar)

2. Gruppe:

E Konjunktion

V Disjunktion

A Antivalenz

R Nur Lesen, keine logische Operation

Zusatz:

N Negation

Pseudobefehle für die logische Maschine sind z. B.

CSE m oder CXRN m.

Die Ausführung der generierten Unterprogrammaufrufe liefert schließlich die der eingelesenen Formel entsprechende Funktion in disjunktiver Normalform, maschinen-intern als Funktionswertesatz dargestellt.

3. Verfahren I

Das hier zugrunde liegende Verfahren von McCluskey verwendet zur Darstellung der Konjunktionen wahlweise einen Satz von binären Ziffern, wobei die fehlenden Variablen durch '-' bezeichnet sind (eine vereinfachte Darstellung von zwei Variablenwertesätzen), und eine dezimale Notation. Bei dieser werden Vollkonjunktionen durch eine Dezimalzahl dargestellt, Konjunktionen mit R Variablen durch 2^{N-R} Dezimalzahlen, wobei N die Gesamtanzahl der Variablen ist. Die dezimale Notation ist für die Aufstellung der Primimplikantentafel von Vorteil, wird jedoch im folgenden nicht verwendet, da die verschiedenen Längen der Konjunktionsdarstellung für maschinen - internen Gebrauch nicht sehr günstig sind. Ausgangspunkt dieses Verfahrens ist eine Liste von Vollkonjunktionen, die nach der Anzahl der bejahten Variablen geordnet ist. Man erhält dies durch eine einfache Umsetzung des Funktionswertesatzes in eine Liste von Variablenwertesätzen, die dann nach der Anzahl der bejahten Variablen (Einsen im Variablenwertesatz) sortiert wird[2].

Um den Sortiervorgang und auch das Programm zur Zusammenfassung der Konjunktionen zu vereinfachen, wird die Anzahl der bejahten Variablen für jede Konjunktion einmal festgestellt und mit den beiden Variablenwertesätzen, die die Konjunktion darstellen, mit abgespeichert. Eine zusätzliche Binärstelle dient zur Kennzeichnung, ob die Konjunktion zur Bildung kürzerer Konjunktionen herangezogen wurde oder ein Primimplikant ist. Die maschineninterne Darstellung der Konjunktionen war in unseren Programmen auf 16 Variable beschränkt, um leicht in einem Maschinenwort eine Konjunktion samt Zusatzformationen unterzubringen (Bild 1).

Aus der geordneten Liste der Vollkonjunktionen wird eine nächste Liste abgeleitet. Jedes Paar von Vollkonjunktionen wird untersucht, ob sich die Vollkonjunktionen in nur einer einzigen Variablen unterscheiden. Ist dies der

....

2) Die Sortierung kann durch eine geeignete Reihenfolge der Vollkonjunktionen im Funktionswertesatz erspart werden, jedoch ist dann der Zusammenhang zwischen der Stelle im Funktionswertesatz und dem entsprechenden Variablenwertesatz nicht mehr so einfach.

Fall, wird eine neue Konjunktion gebildet, die diese Variable nicht mehr enthält (entsprechend dem Theorem $(X1 \& \neg X2) \vee (X1 \& X2) \equiv X1$) und die beiden Vollkonjunktionen markiert, da sie als Primimplikanten nicht mehr in Frage kommen. Durch die Sortierung nach der Anzahl der bejahten Variablen wird die Liste der Vollkonjunktionen in Teillisten aufgespalten. Da sich die zu vereinigenden Vollkonjunktionen nur in einer einzigen Variablen unterscheiden dürfen, genügt es, nur jene Paare zu untersuchen, die sich in den einzelnen aneinandergrenzenden Teillisten befinden. Das verkürzt den Programmablauf beträchtlich. Ist die Vollkonjunktionsliste bis zum Ende durchsucht worden, so ist i.a. eine neue Liste, die erste Reduktionsliste, entstanden. Aus dieser wird durch dasselbe Programm eine zweite Reduktionsliste abgeleitet usf., bis keine Konjunktionen mehr zusammengefaßt werden können. Mit Ausnahme der Vollkonjunktionsliste und der nicht markierten Konjunktionen, die nun als Primimplikanten erkannt worden sind und in eine eigene Primimplikantenliste zusammengefaßt werden, können bei Speicherplatzmangel die jeweils früheren Reduktionslisten überschrieben werden.

Zur Verkürzung des zweiten Teils des Verfahrens, der Auswahl der Primimplikanten, können die Kernprimimplikanten bestimmt und für die endgültigen Lösungen in eine neue Liste zusammengestellt werden. Die Bedingung für einen Kernprimimplikanten ist, daß eine Vollkonjunktion nur von diesem einen Primimplikanten überdeckt wird. Für die weiteren Programmschritte können Vollkonjunktionen, die von Kernprimimplikanten überdeckt werden, außer Betracht gelassen werden. Ebenso können unwesentliche Primimplikanten, das sind solche, die von der Gesamtheit aller Kernprimimplikanten überdeckt werden, weggelassen werden. Es bleibt zur weiteren Behandlung nur der sogenannte 'zyklische Teil' der Primimplikantentafel übrig. Diese restlichen Primimplikanten sollen als wählbare bezeichnet werden. Die Priimplikantentafel, deren Reihen den Primimplikanten und deren Kolonnen den Vollkonjunktionen entsprechen, enthält in den Feldern die Information, ob die Vollkonjunktion von dem Primimplikanten überdeckt wird. Da diese Information jederzeit rekonstruiert werden kann, ist eine effektive Speicherung nicht notwendig. Zur Veranschaulichung zeigt Bild 2 ein Beispiel. Um alle Lösungen zu erhalten, wird mit der ersten Vollkonjunktion (0) begonnen und die Liste der Primimplikanten nach überdeckenden Primimplikanten durchsucht. Im Beispiel ist das der Primimplikant Y1. Das wird in einem Hilfsspeicher, in dem pro Vollkonjunktion ein Name eines Primimplikanten aufscheint, notiert und für alle Vollkonjunktionen durchgeführt (Linie 1 in der Primimplikantentafel). Damit hat man die erste Lösung erhalten:

Y1 Y3 Y2 Y5 Y4 .

Jetzt wird bei der letzten Vollkonjunktion (11) zum nächsten überdeckenden Primimplikanten weitergegangen. Diese Lösung lautet Y1 Y3 Y2 Y5, da derselbe Primimplikant nur einmal aufscheinen muß. Ist für die letzte Vollkonjunktion die ganze Primimplikantenliste durchsucht, wird bei der vorletzten Vollkonjunktion (10) zum nächsten überdeckenden Primimplikanten weitergegangen und für die letzte Vollkonjunktion wieder von oben begonnen (Linie 3; Lösung Y1 Y3 Y2 Y6 Y4). Durch Wiederholung dieser Methode werden alle Lösungen erhalten. Allerdings können erstens redundante, nicht minimale Lösungen und zweitens identische Lösungen mehrfach auftreten. Dies kann durch Vergleich der Lösungen untereinander vermieden werden. Eine Bewertung der Lösungen, z. B. nach der Anzahl der zur Realisierung notwendigen Dioden, ist zuletzt noch zur Erkennung der minimalen Lösungen erforderlich. Das Beispiel in Bild 3 zeigt die Funktion in Formelschreibweise, wie sie eingegeben wird, die maschinen - interne Darstellung als Funktionswertesatz, die Vollkonjunktionsliste, die Reduktionslisten, die Primimplikantenliste und einen Ausschnitt aus den Lösungen mit den Bewertungen.

4. Verfahren [illegible]

Dieses Verfahren liefert alle nicht redundanten Lösungen auf direkte Weise, es ist kein Suchvorgang notwendig, und ein Auftreten identischer Lösungen ist automatisch vermieden. Es soll zunächst nur der Vorgang für den zweiten Teil der Minimisierung, der der Auswertung der Primimplikantentafel entspricht, beschrieben werden. Sodann werden zwei Unterprogramme beschrieben, die die Durchführung des ganzen Minimisierungsprozesses erlauben.

Zunächst kann die Primimplikantentafel in eine sogenannte Auswahlfunktion formal umgewandelt werden [1], [3] bzw. kann letztere aus der Vollkonjunktionsliste und der Primimplikantenliste aufgestellt werden. Für die Primimplikanten führt man Variable Yk ein und stellt für jede Vollkonjunktion der ursprünglichen Funktion die Überdeckung fest, z. B. lautet die der Primimplikantentafel in Bild 2 entsprechende Auswahlfunktion:

$$WF = (Y1 \vee Y2) \& (Y3 \vee Y4) \& (Y2 \vee Y6) \& (Y5 \vee Y6) \& (Y4 \vee Y5) .$$

Jeder Vollkonjunktion entspricht hier eine Disjunktion von Variablen, die die Primimplikanten repräsentieren, die die Vollkonjunktion überdecken. Die Disjunktionen sind konjunktiv verknüpft, da die Überdeckung für jede Vollkonjunktion gegeben sein muß. In der zunächst konjunktiven Form der Auswahlfunktion treten prinzipiell nur bejahte Variable auf. Man kann leicht beweisen, daß eine Funktion, die in einer konjunktiven oder disjunktiven Form nur bejahte oder nur verneinte Variable besitzt, mit ihrem Kern identisch ist, d. h. nur Kernprimimplikanten besitzt. Die Auswahlfunktion ist eine Aussage, welche Möglichkeiten einer Überdeckung der ursprünglichen Funktion durch Primimplikanten bestehen. In einer zweistufigen disjunktiven Form der Auswahlfunktion stehen die verschiedenen Konjunktionen für die Lösungen. Sind die Konjunktionen bereits Primimplikanten der Auswahlfunktion, so stellen sie alle nicht redundanten Lösungen dar. Der gesamte Minimisierungsvorgang kann daher in folgende Teilaufgaben zerlegt werden:

1) Bestimmung der Kernprimimplikanten aus der disjunktiven Normalform der Funktion

2) Bestimmung der wählbaren Primimplikanten

3) Aufstellung der Auswahlfunktion

4) Umwandlung der konjunktiven Form in die disjunktive Normalform

5) Bestimmung der Kernprimimplikanten der Auswahlfunktionen.

Zur maschinen - internen Darstellung der disjunktiven Normalform sowohl der ursprünglichen Funktion als auch der Auswahlfunktion wird ein Funktionswertesatz verwendet. Ein weiterer Funktionswertesatz ist zur Kennzeichnung bereits behandelter Vollkonjunktionen notwendig. Die Durchführung der unter den Punkten 1), 2) und 5) angeführten Aufgaben kann von einem einzigen Unterprogramm, im folgenden Reduktionsprogramm genannt, übernommen werden. Das Reduktionsprogramm liefert von einem gegebenen Funktionswertesatz ausgehend eine Liste der Primimplikanten, wobei durch einen Parameter angegeben werden kann, ob nur Kernprimimplikanten oder alle Primimplikanten erwünscht sind. Es wird von jeder Vollkonjunktion aus versucht, alle möglichen Untergruppen (subcubes) zu bilden [2]. Ist nur die Bildung einer einzigen Untergruppe möglich, so ist diese ein Kernprimimplikant. Sobald mit Hilfe dieser Bedingung alle Kernprimimplikanten bestimmt sind, werden alle Vollkonjunktionen, die von den Kernprimimplikanten überdeckt sind, markiert. Für die Bestimmung der wählbaren Primimplikanten genügt es, nur von den nicht markierten Vollkonjunktionen aus Untergruppen zu bilden. Es kann dabei zu einer mehrmaligen Bestimmung desselben wählbaren Primimplikanten kommen, und man muß dafür sorgen, daß in der endgültigen Liste der wählbaren Primimplfkanten keine mehrfachen Eintragungen vorkommen.

An einem Beispiel sollen die ersten zwei Abläufe des Reduktionsprogramms veranschaulicht werden. Die disjunktive Normalform der Funktion sei

$$F = (\neg X1 \& \neg X2 \& \neg X3) \vee (X1 \& \neg X2 \& \neg X3) \vee (\neg X1 \& X2 \& \neg X3) \vee$$
$$\vee (X1 \& \neg X2 \& X3) \vee (\neg X1 \& X2 \& X3)$$

und der zugehörige Funktionswertesatz

$$F\ [J] = 1\ 1\ 1\ 0\ 0\ 1\ 1\ 0\ .$$

Von der ersten Vollkonjunktion aus, deren Darstellung als Variablenwertesatz

$$0\ 0\ 0$$

lautet, werden zunächst Untergruppen erster Ordnung zu bilden versucht. Es werden der Reihe nach die Vollkonjunktionen

1 0 0
0 1 0 und
0 0 1

gesucht. Die ersten beiden sind vorhanden, und es wird 1 1 0 gesucht, um eine Untergruppe zweiter Ordnung zu bilden. 1 1 0 ist aber nicht vorhanden, damit sind zwei Untergruppen von nur erster Ordnung gebildet worden:

- 0 0 und
0 - 0 .

Da es für die Vollkonjunktion 0 0 0 mehr als eine Untergruppe gibt, ist kein Kernprimimplikant erkannt worden. Das gleiche geschieht bei den beiden nächsten Vollkonjunktionen 1 0 0 und 0 1 0. Erst die vierte Vollkonjunktion 1 0 1 liefert eine einzige Untergruppe 1 0 - und damit einen Kernprimimplikanten. Von der letzten Vollkonjunktion 0 1 1 wird ebenfalls ein Kernprimimplikant 0 1 - abgeleitet. Als nächster Schritt werden alle Vollkonjunktionen, die von den Kernprimimplikanten überdeckt werden, markiert Zu diesem Zweck wird ein zweites Unterprogramm, das Markierungsprogramm, verwendet. Der oben erwähnte Funktionswertesatz, der die Markierungen enthält, lautet:

M [J] = 0 1 1 0 0 1 1 0 .

Bildet man Stelle für Stelle F[J] & ¬ M[J], so bleibt in diesem Beispiel nur die Vollkonjunktion 0 0 0 übrig. Jetzt wird das Reduktionsprogramm zum zweitenmal verwendet, und zwar werden jetzt alle Untergruppen gebildet und als wählbare Primimplikanten erkannt. Es sind hier

- 0 0 und
0 - 0

vorhanden. Bezeichnet man sie mit Y1 und Y2, so lautet die Auswahlfunktion

$$WF = Y1 \vee Y2 .$$

Die Lösung ist hier trivial.

Der weitere Vorgang läßt sich am einfachsten an folgender Funktion zeigen:

$$F[J] = 1\,1\,1\,0\,0\,1\,1\,1$$

Sie besitzt keine Kernprimimplikanten (der Markierungssatz ist daher o), dafür sechs wählbare Primimplikanten, die mit Y1 bis Y6 bezeichnet werden:

0 - 0	Y1
0 1 -	Y2
1 0 -	Y3
1 - 1	Y4
- 0 0	Y5
- 1 1	Y6

Die Auswahlfunktion lautet in Formelschreibweise:

$$WF = (Y1 \vee Y5) \,\&\, (Y3 \vee Y5) \,\&\, (Y1 \vee Y2) \,\&\, (Y3 \vee Y4) \,\&\, (Y2 \vee Y6) \,\&\, (Y4 \vee Y6).$$

Durch eine rein formale Umformung erhält man:

$$WF = \neg((\neg Y1 \,\&\, \neg Y5) \vee (\neg Y3 \,\&\, \neg Y5) \vee (\neg Y1 \,\&\, \neg Y2) \vee (\neg Y3 \,\&\, \neg Y4) \vee$$
$$\vee (\neg Y2 \,\&\, \neg Y6) \vee (\neg Y4 \,\&\, \neg Y6))$$

Die Variablenwertesätze für die sechs Konjunktionen lauten:

0 - - - 0 -
- - 0 - 0 -
0 0 - - - -
- - 0 0 - -
- 0 - - - 0
- - - 0 - 0 .

Setzt man alle Stellen des Funktionswertesatzes der Auswahlfunktion zunächst gleich 1 und mit Hilfe der Markierungsprozedur die von den angeführten Konjunktionen überdeckten Vollkonjunktionen gleich o , dann hat man gleichzeitig die notwendige Negation der gesamten Funktion durchgeführt, und man erhält den Funktionswertesatz der Auswahlfunktion:

$$WF[J] = 00000000\ 00000001\ 00000000\ 00110011$$
$$00000101\ 00000101\ 00000111\ 01110111\ .$$

Daraus erhält man durch das Reduktionsprogramm fünf Kernprimimplikanten der Auswahlfunktion:

- 1 - 1 1 -
1 - 1 - - 1
- 1 1 - 1 1
1 - - 1 1 1
1 1 1 1 - - .

Davon bezeichnen die ersten zwei die im folgenden angeführten Minimumlösungen, die restlichen drei weitere nicht redundante Lösungen:

$$F = (\neg X1 \,\&\, X2) \vee (X1 \,\&\, X3) \vee (\neg X2 \,\&\, \neg X3)$$
$$F = (\neg X1 \,\&\, \neg X3) \vee (X1 \,\&\, \neg X2) \vee (X2 \,\&\, X3)\ .$$

In den einzelnen Abschnitten des Programms sind die beiden Unterprogramme Reduktion und Markierung wie folgt verteilt:

1) Reduktion, Markierung
2) Reduktion
3), 4) Markierung
5) Reduktion, Markierung.

Zusätzlich sind noch Unterprogramme zum Ausdrucken der Ergebnisse erforderlich sowie ein Programmstück, das die Auswahlfunktion aus der Liste der wählbaren Primimplikanten und dem Funktionswertesatz ermittelt und die notwendigen Daten dem Markierungsprogramm liefert, das dann seinerseits den Funktionswertesatz der Auswahlfunktion aufstellt.

Das Verfahren II läßt sich auch mit anderen maschinen - internen Darstellungen der Funktionen durchführen. Das dafür notwendige Programm wird sich aber nicht so einfach in Unterprogramme auflösen lassen.

Ein realistischer Vergleich der Programmlaufzeiten der beiden Verfahren kann im Augenblick nicht gegeben werden, da Verfahren I im Maschinencode und Verfahren II in ALGOL programmiert wurde. In dem vom ALGOL - Compiler gelieferten Programm wirkt sich vor allem aus, daß logische Felder Stelle für Stelle behandelt werden und daß ein logisches Feld nicht direkt als ganze Zahl und damit als Index für ein anderes Feld verwendet werden kann.

LITERATUR

[1] S. R. PETRICK: A Direct Determination of the Irredundant Forms of a Boolean Function from the Set of Prime Implicants
Air Force Cambridge Research Center Bedford, Mass.,
Techn. Rep. AFCRC-TR-56-110, 10. April 1956.

[2] R. H. URBANO, R. K. MUELLER: A Topological Method for the Determinations of the Minimal Forms of a Boolean Function
IRE Transact. EC - 5 (1956), 126-132.

[3] E. J. McCLUSKEY, Jr., Minimization of Boolean Functions and Detection of Group Invariance or Total Symmetry of a Boolean Function
Bell System Techn. Journal 35 (1956), 1417-1453.

[4] M. J. GHAZALA: Irredundant Disjunctive and Conjunctive Forms of a Boolean Function
IBM Journal of Research and Development 1 (1957), 2, 171-176.

[5] V. KUDIELKA, K. WALK, K. BANDAT, P. LUCAS, H. ZEMANEK: Programs for Logical Data Processing
Final Report for European Research Office
DA 91-591-EUC 1062, Febr. 1960, Kap. 4 und 5.

[6] K. SAMELSON, F. L. BAUER: Sequentielle Formelübersetzung
Elektronische Rechenanlagen 1 (1959), 4, 176 - 182.

[7] T. J. MOTT, Jr.: Determination of the Irredundant Normal Forms of a Truth Function by Iterated Consensus of the Prime Implicants
IRE Transact. EC - 9, June 1960, 245-252.

[8] V. KUDIELKA, P. LUCAS, K. WALK, K. BANDAT, H. BEKIC, H. ZEMANEK: Extension of the Algorithmic Language ALGOL
Final Report for European Research Office
DA 91-591-EUC 1430, 31.7.1961, Kap. 2.

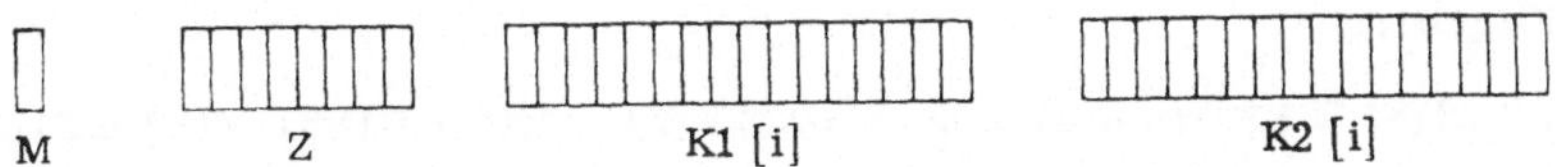

Bild 1 : Maschinen-interne Darstellung einer Konjunktion.

K1 [i] Variablenwertesatz. 1 für eine vorhandene Variable (16 Stellen)

K2 [i] Variablenwertesatz. 1 für eine bejahte Variable (16 Stellen)

Z Anzahl der Einsen in K2 (dezimale Darstellung, 2 Ziffern)

M Markierung. 1 für Konjunktionen, die zur Bildung von kürzeren Konjunktionen herangezogen wurden.

		¬X1&¬X2& ¬X3&¬X4	X1&X2& ¬X3&¬X4	¬X1&¬X2& ¬X3&X4	¬X1&X2& ¬X3&X4	X1&X2& ¬X3&X4
		0	3	8	10	11
¬X1&¬X2&¬X4	Y1	×				
¬X1&¬X2&¬X3	Y2	×		×		
X1 & X2&¬X4	Y3		×			
X1 & X2&¬X3	Y4		×			×
X2&¬X3 & X4	Y5				×	×
¬X1&¬X3 & X4	Y6			×	×	

Bild 2 : Zyklischer Teil einer Primimplikantentafel

(Aufeinanderfolgende Lösungen :

1——, 2— — —, 3— - — -, 4-------, 5— - - - - -)

Eingabe:

: ((((N(X1 E NX3) E N(X1 E X4) E NX1) V (X4 A NX3)) E (NX1 V (X2 A X1))E ((X4 A X3) V N(X2 A NX1))) E (NX1 EN (NX3 A X4))) V (NX4 E (X3 A NX2 A X1))V (N(X1 A X2) E (NX4 V NX3)).

Funktionswertesatz:

1001111110110000

00 0000 02 1100 01 0010 02 1010 02 0110 03 1110 01 0001 02 0101 03 1101	Vollkonjunktionsliste	00 000- 00 00-0 01 0-01 01 0-10 01 -010 02 -101 02 -110 02 1-10 02 110- 02 11-0	1. Reduktionsliste
		01 --10	2. Reduktionsliste
00 0000 01 0001 01 0010 02 0101 02 0110 02 1010 02 1100 03 1101 03 1110	sortierte Voll-konjunktionsliste	00 000- 00 00-0 01 0-01 02 -101 02 110- 02 11-0 01 --10	Primimplikanten-liste

Ausschnitt aus den Ergebnissen:

:(X3 E NX4)V(NX1 E NX2 E NX4)V(NX1 E NX2 E NX3)V(X1 E X2 E NX4)V (X2 E NX3 E X4)V(X1 E X2 E NX3)

0023

:(X3 E NX4) V (NX1 E NX2 E NX4)V(NX1 E NX2 E NX3)V(X1 E X2 E NX4)V (X2 E NX3 E X4)

0019

:(X3 E NX4)V(NX1 E NX2 E NX4)V(NX1 E NX3 E X4)V(X1 E X2 E NX3)

0015

:(X3 E NX4)V(NX1 E NX2 E NX4)V(NX1 E NX3 E X4)V(X1 E X2 E NX3)V
(X2 E NX3 E X4)
0019

Bild 3: Beispiel für Verfahren I. Eingabedaten, Zwischenresultate und Lösungen mit Bewertung.

Bericht über ein Programm zur
Übersetzung Boolescher Ausdrücke in disjunktive Normalform.

von

Peter Deussen *)

Zusammenfassung

Das Übersetzungsprogramm ist eine Studie für die Verwendung der sequentiellen Formelübersetzung [2], [4] zur Umformung algebraischer Ausdrücke in eine spezielle Normalform; es wurde insbesondere zur Umformung Boolescher Ausdrücke entworfen.

I. Festlegung der Ausgangs- und der Zielsprache.

Die Ausgangssprache, auf welche die Übersetzung angewendet wird, sei gegeben durch

1. Definition der Booleschen Ausdrücke. (Zur Notation siehe [1]).

< Zeichen > ::= < Buchstabe>|<Ziffer>|<Konnektiv>| (|) | = | ; | ¬

<Buchstabe> ::= a|b|c|d| . . . |y|z

<Ziffer> ::= 0|1|2|3|4|5|6|7|8|9

<Konnektiv> ::= ∧|∨|≡|≢| → | ← | /

<Variable> ::= <Buchstabe> | <Variable> <Buchstabe> |
< Variable > < Ziffer >

<Ausdruck> ::= <Variable> | (<Ausdruck> < Konnektiv > < Ausdruck >) |
¬ (<Ausdruck>)

<Vollständiger Ausdruck> ::= = <Ausdruck>;

....

*) Institut für Angewandte Mathematik der Universität Mainz.

Zusatz:

a) Um Klammern zu sparen, gilt die Präferenzskala:

	Zeichen	Fernschreiber-zeichen	
1.	¬	—	
2.	∧	><	
3.	∨	+	
4.	≡ , ≢	'equiv', 'notequiv'	
5.	→ , ←	'impl', 'foll'	
6.	/	/	(Sheffer-Strich)

b) Wenn nicht durch Klammerung anderweitig gefordert, wird von links nach rechts assoziiert, es sei denn, eine andere Assoziationsreihenfolge ändert nichts an der Bedeutung des Ausdrucks und effektiviert die Übersetzung.

Die Zielsprache des Übersetzungsprozesses ist die

2. Disjunktive Form

< Boolesche Variable > : : = < Variable > | ¬ < Variable >

< Konjunktion > : : = < Boolesche Variable > | < Konjunktion > ∧ < Boolesche Variable >

< Disjunktive Form > : : = < Konjunktion > | < Disjunktive Form > ∨ < Konjunktion >

Um Eindeutigkeit (bis auf Kommutativität und Idempotenz) zu erzielen, ist als zweite Zielsprache eine spezielle disjunktive Form vorgesehen, die disjunktive Normalform:

Eine disjunktive Normalform ist eine disjunktive Form, deren Konjunktionen gleichviel verschiedene Variablen, negiert oder nicht negiert, enthalten, und zwar genau alle die Variablen, die insgesamt in der disjunktiven Form auftreten.

Bei der Festlegung der Zielsprache ist natürlich vorausgesetzt, daß die Menge aller Ausdrücke durch die Axiome der Booleschen Algebra axiomatisiert ist.

II. Der Übersetzungsalgorithmus.

An Hand einer Einschränkung der in I. 1 definierten Ausdrücke:

< Ausdruck > : : = < Variable > | → < Variable > | (< Ausdruck > < Ausdruck >) | (< Ausdruck > ∨ < Ausdruck >)

soll der Übersetzungsalgorithmus im Prinzip erläutert werden. Aufgabe des Algorithmus ist erstens, für eine vorgelegte Kette K von Zeichen zu entscheiden, ob diese Kette ein vollständiger Ausdruck ist, zweitens eine Folge P von Maschinenbefehlen (Objektprogramm) abzugeben, deren Ausführung die zu einem vollständigen Ausdruck wertverlaufsgleiche disjunktive Form oder Normalform liefert.

1. Der Entscheidungsalgorithmus.

Die Entscheidungsmethode besteht darin, die Kette K soweit als möglich in Teilausdrücke - Ausdrücke, die Bestandteile von K sind - aufzuspalten und zu prüfen, ob die gegebene Zusammensetzung der Teilausdrücke ein (vollständiger) Ausdruck ist. Dieser Vorgang wird im folgenden systematisiert.

Die Kette

$$K : \; x_1 \; x_2 \; x_3 \; \dots \; x_n$$

bestehe aus n Zeichen x_i des Alphabets

$$\mathfrak{A} := \{ V, \rightarrow, \wedge, \vee, (,), =, ; \} .$$

Das Element V steht als Klassensymbol für Variable.

Σ bezeichne ein Wort bestehend aus Zeichen des Alphabets

$$\mathcal{K} := \mathfrak{A} \cup \{ \varkappa, \delta, \Delta, \varnothing \}$$

Dabei bezeichne $\varnothing$ das leere Wort, ferner stehen $\varkappa$ und δ für Ausdrücke und Δ für einen vollständigen Ausdruck (cf. Tabelle 1, Spalte $\mathfrak{R}$, p. 13)
Die Regel

$$\Sigma \longrightarrow \Sigma \chi_i \qquad \text{(L)}$$

bedeute

'Lies das Zeichen χ_i der vorgelegten Kette K und ändere das Wort Σ zum Wort $\Sigma\chi_i$ durch Anhängen von χ_i ab'.

Hat das Wort Σ die Form $\Sigma'\sigma$, so heiße σ <u>ein Ende von Σ ;</u>
gibt es eine <u>Ersetzungsregel</u>

$$\sigma \rightarrow \sigma' \qquad \text{(E)}$$

so erhält man nach Ersetzen von σ durch σ' aus Σ ein i. a. anderes Wort $\Sigma'\sigma'$, in Zeichen:

$$\Sigma'\sigma \longrightarrow \Sigma'\sigma'$$

In Tabelle 1, p. 13, Spalte $\mathfrak{R}$ ist eine Reihe von Ersetzungsregeln der Form (E) gegeben; man sieht leicht, daß die Ableitbarkeit von Δ aus einer vorgelegten Kette K mit Hilfe von $\mathfrak{R}$ gleichbedeutend damit ist, daß K ein vollständiger Ausdruck ist. Die Ersetzungsregeln entsprechen speziellen Produktionen der (produktiven) Definition von Ausdrücken zu Beginn von II.

Das Flußdiagramm des Entscheidungsalgorithmus zeigt unter den getroffenen Vereinbarungen Bild 1. (p. 14).
Führt eine vorgelegte Kette K im Entscheidungsalgorithmus auf 'Stop', so

ist K ein vollständiger Ausdruck.
Das Wort Σ wird Symbolkeller genannt.
In Bild 2, p. 15, wird der Algorithmus an einem Beispiel unter Angabe der verwendeten Regeln (Spalte R) in den einzelnen Schritten verfolgt.

II. 2. Aufbau des Objektprogramms.

Die zu Beginn von II gestellte, zweite Forderung an den Übersetzungsalgorithmus, Abgabe eines Programms P, dessen Ablauf eine disjunktive Form liefert, legt es nahe, P aus elementaren Maschinenbefehlen (Zwei - oder Dreiadressbefehlen) der Form

$$A \Rightarrow I_i \; , \quad Op_2 B \Rightarrow I_k \; , \quad I_r \, Op_j \, I_s \Rightarrow I_r$$

derart aufzubauen, daß erstens jeder Maschinenoperation Op_j ein Konnektiv bzw. der Operation Op_2 das Zeichen $\rightarrow$ entspricht, und daß dann zweitens P ein klammerfreies, sequentielles Bild des vorgelegten vollständigen Ausdrucks wird.
Die Ersetzungsregeln 1..9 bzw. 10..12 (Tabelle 1, p. 13) haben die Gestalt

$$\sigma \rightarrow \sigma'$$

bzw.

$$\sigma \alpha \rightarrow \sigma' \alpha$$

wobei σ in beiden Fällen der Form nach ein Ausdruck ist, und σ' nach Ersetzung stellvertretend für diesen Ausdruck in Σ steht. Die Ersetzungen von σ durch σ' stehen in direkter Analogie zu den obigen Maschinenbefehlen, sie werden deshalb einander zugeordnet, womit jeder Folge von Ersetzungen eine Folge von Maschinenbefehlen entspricht.
Über die als Hilfszellen aufzufassenden Größen I_i, I_k, I_r, I_s in den Maschinenbefehlen von P kann nicht frei verfügt werden, es gibt jedoch ein ein-

faches Verfahren, die Zellen richtig fortzuschalten [2],[4]:

$$I_1 I_2 I_3 \dots I_r$$

sei eine Folge von Adressen, wofür wir abkürzend ZI_r schreiben und unter Z den Rest der Folge verstehen. Z hat eine ähnliche Struktur wie Σ und heißt Zahlkeller : wird der Zahlkeller um die nächste Adresse I_{r+1} erhöht, so schreiben wir

$$ZI_r \rightarrow ZI_r I_{r+1} ,$$

analog ist der Übergang

$$ZI_{r-1} I_r \rightarrow ZI_r$$

als Erniedrigung des Zahlkellers zu verstehen.
Damit ist nun die einfache Vorschrift (vergl. Tabelle 1 , p. 13, Spalte 'Zahlkeller' und 'π '):

1. Bei jeder Ersetzung einer eingelesenen Variablen V durch ϰ wird der Zahlkeller um eine Adresse erhöht und der Befehl

$$V \Rightarrow I_{r+1}$$

an P abgegeben.
Ebenso wird bei der Ersetzung einer negierten Variablen durch ϰ der Zahlkeller um eine Adresse erhöht und der Befehl

$$Op_2 V \Rightarrow I_{r+1}$$

an P abgegeben.

2. Bei jeder vorgenommenen Ersetzung der Regeln 3..12 von Tabelle 1, wird ein Befehl

$$I_{r-1}\ Op_i\ I_r \Rightarrow I_{r-1}$$

an P abgegeben, dessen Adressen die beiden obersten Adressen des Zahlkellers sind, anschließend wird der Zahlkeller um eine Adresse erniedrigt.

Im Beispiel von Bild 2 (p. 15) werden in der Spalte 'Zahlkeller' die zu den Ersetzungen an Σ simultan verlaufenden Veränderungen des Zahlkellers sowie in Spalte P die abgegebenen Befehle angegeben.
Über die Operationen des aufgebauten Objektprogramms ist bisher keine Annahme gemacht worden, die Möglichkeiten dafür werden im folgenden Abschnitt III. diskutiert.
(Anmerkung: Im Grunde bedeutet die beschriebene Übersetzung der Kette K in das Maschinenprogramm nichts anderes als die Umformung von K in 'polnische Notation').

III. Interpretation des Objektprogramms.

Die Ausgangssprache und damit auch die erzeugten Objektprogramme lassen zwei verschiedene Deutungen zu.

1. Operative Interpretation. [3]
Die Konnektive und das Zeichen $\rightarrow$ der Ausgangssprache werden in der bekannten Weise als Boolesche Operatoren in einem zweiwertigen Bereich B aufgefaßt; die Auswertung des vollständigen Ausdrucks für alle möglichen Belegungen der Variablen mit Werten aus B liefert die Wertetabelle des als Funktion verstandenen vollständigen Ausdrucks. Aus der Wertetabelle

ist unmittelbar die disjunktive Normalform zu erhalten.
Die Inhalte der als Zellen verstandenen Größen V des Objektprogramms sind dann Werte aus B entsprechend der vorgegebenen Belegung, ebenso sind die Inhalte der Zellen I_r Werte aus B. Die Maschinenoperationen $Op_2 .. Op_{10}$ (Tabelle 1) führen die Verknüpfungen

$$Op_2 : \rightarrow$$

$$Op_3 , Op_8 , Op_9 , Op_{10} : \wedge$$

$$Op_4 , Op_5 , Op_6 , Op_7 : \vee$$

der Zelleninhalte aus.

2. Algebraische Interpretation.

Der vorgelegte vollständige Ausdruck A wird formal durch wiederholte Anwendung von Distributivgesetzen in eine disjunktive Form umgewandelt.

Wann auf einen Teilausdruck von A ein Distributivgesetz anzuwenden ist, gibt der in II. besprochene, auf der Tabelle 1 beruhende Algorithmus an:

Wegen Regel 1 , 2, 3 , 13 sowie 10 , 11 , 12 werden zunächst soweit als möglich die Konjunktionen negierter oder nichtnegierter Variabler zusammengefaßt, und ebenso, wegen Regel 4 , 5 , 6 , 7, 14 , werden soweit als möglich Disjunktionen von Konjunktionen gebildet; die Ersetzungen 8 .. 12 entsprechen dann den Distributivgesetzen der Booleschen Algebra.
Die Inhalte der Zellen I_r sind jetzt Matrizen mit m_r Zeilen und n Spalten ($m_r \geqslant 0$, $n > 0$).
Die Matrizen stellen nach folgender Vereinbarung disjunktive Formen dar:

1. Die n (voneinander verschiedenen) Variablen des vorgelegten vollständigen Ausdrucks werden der Reihe nach abgezählt und umkehrbar den n Spalten fest zugeordnet.
2. Die Elemente der Matrix sind die Zeichen 1 , 0 , - , mit den Bedeutun-

gen

0 in der k-ten Spalte steht für: k-te Variable ist negiert

1 in der k-ten Spalte steht für: k-te Variable ist nichtnegiert

- in der k-ten Spalte steht für: k-te Variable tritt nicht auf.

3. Jede der m_r Zeilen steht für eine Konjunktion, die dadurch entsteht, daß man gemäß 2. entschlüsselt und zwischen die erhaltenen Variablen das Konnektiv $\wedge$ setzt.

4. Die Matrix steht für diejenige disjunktive Form, die man erhält, indem jede Zeile nach 3. entschlüsselt wird und zwischen die resultierenden Konjunktionen das Konnektiv $\vee$ gesetzt wird.

5. I_r mit $m_r = 0$ ist für die Darstellung des Nullelementes in disjunktiver Form vorgesehen.

Beispiel:

abcde
01-0-
100--
----1

entspricht $\neg a \wedge b \wedge \neg d \quad \vee \quad a \wedge \neg b \wedge \neg c \quad \vee \quad e$

Die den Zeichen $Op_2 .. Op_{10}$ entsprechenden Operationen an den Matrizen I_r sind mit der Nummerierung von Tabelle 1 :

1. Sei V die k-te Variable . I_{r+1} ist einzeilig ($m_{r+1}=1$) von der Form

1	2	...	k	...	n	- te Spalte
-	-	...	- 1 -	...	-	

2. I_{r+1} wie in 1. nur mit 0 in der k-ten Spalte.

3. Das Ergebnis I_{r-1} ist einzeilig und geht aus der spaltenweisen Verknüpfung nach

	1	0	-
1	1	*	1
0	*	0	0
-	1	0	-

aus den einzeiligen Matrizen I_{r-1} und I_r hervor. Der Stern in der Verknüpfungstafel besagt, daß die Konjunktion der I_{r-1} und I_r entsprechenden Konjunktionen dem Nullelement äquivalent wird, in welchem Falle das Ergebnis I_{r-1} nullzeilig ist (vergl. 5 oben).

4. - 7. Die Ergebnismatrix I_{r-1} ist die um die Zeilen von I_r erweiterte Matrix I_{r-1}; möglicherweise mehrfach auftretende Zeilen werden eliminiert, die Zeilenzahl der Ergebnismatrix ist nicht größer als $m_{r-1} + m_r$.

8. Jede Zeile von I_r wird mit der (einzigen) Zeile von I_{r-1} nach 3. verknüpft; mehrfach auftretende Zeilen in der Ergebnismatrix werden eliminiert, d.h. die Zeilenzahl der Ergebnismatrix ist nicht größer als m_r.

9. Jede Zeile von I_r wird mit jeder Zeile von I_{r-1} nach 3. verknüpft; mehrfach auftretende Zeilen in der Ergebnismatrix werden eliminiert, d. h. die Zeilenzahl der Ergebnismatrix ist nicht größer als $m_r \cdot m_{r-1}$.

10. - 12. Wie 8. nach Vertauschung von I_r mit I_{r-1}.

Die Matrix, die aus einer Zeile dadurch entsteht, daß die Zeichen '-' der der Zeile nacheinander durch alle 0 , 1 - Kombinationen ersetzt werden, heiße zu dieser äquivalent.

Nun ist nach Ausführung des Objektprogramms die anfallende Ergebnismatrix I_1 einer disjunktiven Form zugeordnet; ersetzt man jede Zeile von I_1

durch die zu ihr äquivalente Matrix, so entsteht eine neue Matrix I_1' . Sie stellt die gesuchte disjunktive Normalform dar.

Beispiel:

$$I_1 : \begin{matrix} 01-- \\ -110 \end{matrix} \qquad I_1' : \begin{matrix} 0100 \\ 0101 \\ 0111 \\ 0110 \\ 1110 \\ 0110 \end{matrix}$$

(Übrigens sind die Zeilen von I_1' gerade diejenigen Belegungen, für welche der übersetzte Ausdruck, operativ aufgefaßt, den Funktionswert 1 ergibt.)

Die Regeln 10 , 11 , 12 der Tabelle 1 bedeuten eine Abweichung von der sonst verwendeten Assoziation von links nach rechts (vergl. I. 1.); man spart dadurch im kompilierten Objektprogramm an den zeitraubenden Befehlen Op_{10} (vergl. dazu das Beispiel, Bild 2, p. 15).

IV. Bemerkungen zum Maschinenprogramm des Übersetzers.

Der Übersetzungsalgorithmus wurde für die Siemens Datenverarbeitungsanlage S2002 mit einer Wortlänge von 12 Dezimalstellen programmiert. Hat man nur die zuletzt besprochene Interpretation im Auge, so braucht das Objektprogramm nicht explizit als Maschinenprogramm aufgebaut zu werden, da es nur einmal abläuft; die abgegebenen Befehle können sofort ausgeführt werden.

Da die Operationen Op_2 .. Op_{10} der Tabelle 1 ohnehin durch Unterprogrammsprünge realisiert werden müssen, ergibt sich die Möglichkeit, je

nach zu Grunde gelegten Unterprogrammen das Objektprogramm operativ oder algebraisch i. S. von III zu interpretieren.
Aus organisatorischen Gründen wurde die Höchstzahl der Variablen eines vollständigen Ausdrucks auf n = 12 (entsprechend der Wortlänge der Maschine) beschränkt, weshalb die Matrizen von III. 2. einfach Folgen von Maschinenzellen sind und die spaltenweise Verknüpfung Op_3 durch weniger zeitraubende Operationen am ganzen Maschinenwort ersetzt werden kann.
Die am Ende von III. beschriebene Ergänzung zur disjunktiven Normalform ist im wesentlichen ein binärer Zählprozess und läßt sich als solcher im Programm realisieren.
Der in II. 1. beschriebene Algorithmus ist in dieser Form wenig geeignet, die Übersetzung effektiv durchzuführen, da nach jedem Lesen eines Zeichens die Liste $\mathfrak{R}$ von 16 Regeln abgesucht werden muß; ferner kann ein (syntaktischer) Fehler in der zu übersetzenden Kette erst nach deren vollständigem Einlesen festgestellt werden.
Es ist aber ein dem Entscheidungsalgorithmus äquivalenter Automat konstruierbar, der durch eine Übergangsmatrix, Übersetzungsmatrix genannt, beschrieben wird: das Eingangsalphabet des Automaten ist das Alphabet $\mathfrak{A}$ (p. 3), das Ausgangsalphabet sind die Befehle der Spalte π in Tabelle 1 , und die Zustände sind Klassen von Wörtern Σ . [2]
Die Konstruktion der Übersetzungsmatrix aus Tabelle 1 soll hier übergangen sein, da uns derzeit keine übersichtliche Methode dafür bekannt ist.
Im Programm ist die Übersetzungsmatrix als eine Matrix von Sprungbefehlen verwirklicht, welche auf eine Reihe von Teilprogrammen führen ; aus dem gelesenen Zeichen und dem Zustand wird die Adresse des zugehörigen Sprungbefehls in der Matrix errechnet.

	$\mathfrak{R}$	Zahlkeller Z	π
1	$V \rightarrow \varkappa$	$ZI_r \rightarrow ZI_r I_{r+1}$	$V \Rightarrow I_{r+1}$
2	$\neg\ V \rightarrow \varkappa$	$ZI_r \rightarrow ZI_r I_{r+1}$	$Op_2\ V \Rightarrow I_{r+1}$
3	$\varkappa\ \wedge\ \varkappa \rightarrow \varkappa$	$ZI_{r-1} I_r \rightarrow ZI_{r-1}$	$I_{r-1} Op_3\ I_r \Rightarrow I_{r-1}$
4	$\varkappa\ \vee\ \varkappa \rightarrow \delta$	$ZI_{r-1} I_r \rightarrow ZI_{r-1}$	$I_{r-1} Op_4\ I_r \Rightarrow I_{r-1}$
5	$\varkappa\ \vee\ \delta \rightarrow \delta$	$ZI_{r-1} I_r \rightarrow ZI_{r-1}$	$I_{r-1} Op_5\ I_r \Rightarrow I_{r-1}$
6	$\delta\ \vee\ \varkappa \rightarrow \delta$	$ZI_{r-1} I_r \rightarrow ZI_{r-1}$	$I_{r-1} Op_6\ I_r \Rightarrow I_{r-1}$
7	$\delta\ \vee\ \delta \rightarrow \delta$	$ZI_{r-1} I_r \rightarrow ZI_{r-1}$	$I_{r-1} Op_7\ I_r \Rightarrow I_{r-1}$
8	$\varkappa\ \wedge\ \delta \rightarrow \delta$	$ZI_{r-1} I_r \rightarrow ZI_{r-1}$	$I_{r-1} Op_8\ I_r \Rightarrow I_{r-1}$
9	$\delta\ \wedge\ \delta \rightarrow \delta$	$ZI_{r-1} I_r \rightarrow ZI_{r-1}$	$I_{r-1} Op_9\ I_r \Rightarrow I_{r-1}$
10	$\delta \wedge \varkappa\ \vee \rightarrow \delta\ \vee$	$ZI_{r-1} I_r \rightarrow ZI_{r-1}$	$I_{r-1} Op_{10} I_r \Rightarrow I_{r-1}$
11	$\delta \wedge \varkappa\ )\ \rightarrow \delta\ )$	$ZI_{r-1} I_r \rightarrow ZI_{r-1}$	$I_{r-1} Op_{10} I_r \Rightarrow I_{r-1}$
12	$\delta \wedge \varkappa\ ;\ \rightarrow \delta\ ;$	$ZI_{r-1} I_r \rightarrow ZI_{r-1}$	$I_{r-1} Op_{10} I_r \Rightarrow I_{r-1}$
13	$(\ \varkappa\ )\ \rightarrow \varkappa$	---	---
14	$(\ \delta\ )\ \rightarrow \delta$	---	---
15	$= \varkappa\ ;\ \rightarrow \Delta$	---	---
16	$= \delta\ ;\ \rightarrow \Delta$	---	---

Tabelle 1

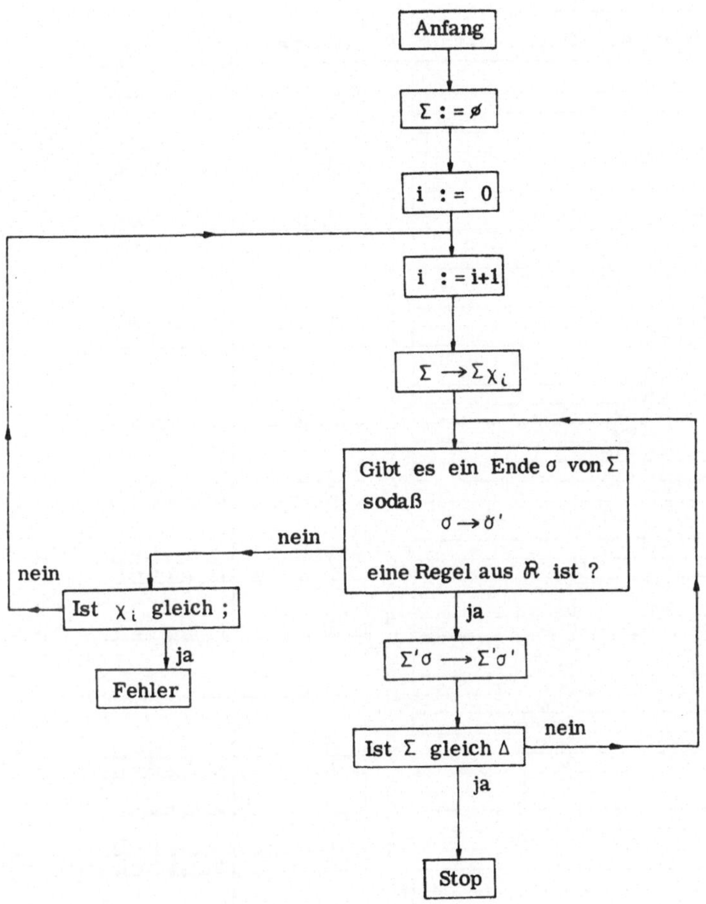

Bild 1

Entscheidungsalgorithmus

Symbolkeller $K: = (a \wedge b \wedge \neg c \wedge (d \vee e \vee f) \wedge g \wedge h \vee i) \wedge k;$	R	Zahlkeller	Programm
$\emptyset$	L	$\emptyset$	
$=$	L		
$=($	L		
$=(a$	1	I_1	$a \Rightarrow I_1$
$=(\varkappa$	L		
$=(\varkappa \wedge$	L		
$=(\varkappa \wedge b$	1	$I_1\ I_2$	$b \Rightarrow I_2$
$=(\varkappa \wedge \varkappa$	3	I_1	$I_1\ Op_3\ I_2 \Rightarrow I_1$
$=(\ \varkappa$	L		
$=(\ \varkappa \wedge$	L		
$=(\ \varkappa \wedge \neg$	L		
$=(\ \varkappa \wedge \neg c$	2	$I_1\ I_2$	$Op_2\ c \Rightarrow I_2$
$=(\ \varkappa \wedge\ \varkappa$	3	I_1	$I_1\ Op_3\ I_2 \Rightarrow I_1$
$=(\ \varkappa$	L		
$=(\ \varkappa \wedge$	L		
$=(\ \varkappa \wedge ($	L		
$=(\ \varkappa \wedge (d$	1	$I_1\ I_2$	$d \Rightarrow I_2$
$=(\ \varkappa \wedge (\varkappa \vee$	L		
$=(\ \varkappa \wedge (\varkappa \vee$	L		
$=(\ \varkappa \wedge (\varkappa \vee e$	1	$I_1\ I_2\ I_3$	$e \Rightarrow I_3$
$=(\ \varkappa \wedge (\varkappa \vee \varkappa$	4	$I_1\ I_2$	$I_2\ Op_4\ I_3 \Rightarrow I_2$
$=(\ \varkappa \wedge (\ \delta$	L		
$=(\ \varkappa \wedge (\ \delta \vee$	L		
$=(\ \varkappa \wedge (\ \delta \vee f$	1	$I_1\ I_2\ I_3$	$f \Rightarrow I_3$
$=(\ \varkappa \wedge (\ \delta \vee \varkappa$	6	$I_1\ I_2$	$I_2\ Op_6\ I_3 \Rightarrow I_2$
$=(\ \varkappa \wedge (\ \delta$	L		
$=(\ \varkappa \wedge (\ \delta)$	14		
$=(\ \varkappa \wedge\ \delta$	8	I_1	$I_1\ Op_8\ I_2 \Rightarrow I_1$
$=(\ \delta$	L		
$=(\ \delta \wedge$	L		
$=(\ \delta \wedge g$	1	$I_1\ I_2$	$g \Rightarrow I_2$
$=(\ \delta \wedge \varkappa$	L		
$=(\ \delta \wedge \varkappa \wedge$	L		
$=(\ \delta \wedge \varkappa \wedge h$	1	$I_1\ I_2\ I_3$	$h \Rightarrow I_3$
$=(\ \delta \wedge \varkappa \wedge \varkappa$	3	$I_1\ I_2$	$I_2\ Op_3\ I_3 \Rightarrow I_2$
$=(\ \delta \wedge\ \varkappa$	L		
$=(\ \delta \wedge\ \varkappa \vee$	10	I_1	$I_1\ Op_{10}\ I_2 \Rightarrow I_1$
$=(\ \delta \vee$	L		
$=(\ \delta \vee i$	1	$I_1\ I_2$	$i \Rightarrow I_2$
$=(\ \delta \vee \varkappa$	6	I_1	$I_1\ Op_6\ I_2 \Rightarrow I_1$
$=(\ \delta$	L		
$=(\ \delta)$	14		
$=\ \delta$	L		
$=\ \delta \wedge$	L		
$=\ \delta \wedge k$	1	$I_1\ I_2$	$k \Rightarrow I_2$
$=\ \delta \wedge \varkappa$	L		
$=\ \delta \wedge \varkappa;$	12		
$=\ \delta;$	16	I_1	$I_1\ Op_{10}\ I_2 \Rightarrow I_1$
Δ	Stop		

Bild 2

Beispiel

Literatur:

[1] J. W. BACKUS et al.: Report on the Algorithmic Language ALGOL. Num. Math. 2 (1960), pp. 106-136.

[2] F. L. BAUER, K. SAMELSON: Maschinelle Verarbeitung von Programmsprachen. in Digitale Informationswandler, pp. 227-268, Vieweg, Braunschweig 1962.

[3] V. KUDIELKA et al.: Programs for Logical Data Processing. Research-Report. Wien, Februar 1960.

[4] K. SAMELSON, F. L. BAUER: Sequentielle Formelübersetzung. Elektronische Rechenanlagen 1 (1950) Heft 4, pp. 176-182.

Netzwerke - Schaltwerke - Automaten. -
Ein Überblick über die synchrone Theorie.

von

K. H. Böhling *)

1. Einleitung
2. Netzwerke
3. Schaltoperatoren
4. Postulate für finite synchrone Netzwerke
5. Konstruktionsregeln für Netzwerke
6. Schaltwerke
7. Signaltransformationen
8. Grundbegriffe bei formalen Sprachen
9. Fundamentalsatz der Theorie finiter synchroner Automaten

---

*) Institut für Angewandte Mathematik der Universität Bonn

1. Einleitung

In diesem Überblick wird die Theorie der finiten synchronen Automaten skizziert, wobei besonders auf ihre Grundlagen und auf ihre Leistungsfähigkeit bezüglich Informationsverarbeitung eingegangen wird. Da in unserer Zeit Ansätze zu Theorien nichtsynchroner Natur bekannt geworden sind, gewinnt eine axiomatische Begründung von Kommunikationsprozessen steigende Bedeutung. Bei digitalen Systemen sind einige Modelle gebräuchlich, welche die Informationsumsetzung in Begriffen beschreiben, die ihrem Verwendungszweck am besten angepaßt sind.

Durch die Netzwerk - Struktur wird ein Modell dargestellt, das sich stark an die physikalische Realität anschließt.
In der allgemeinsten Auffassung enthält eine Netzwerk-Struktur noch alle Netzwerke, die einer diskreten digitalen Informationsverarbeitung zugrunde gelegt werden können. Die Auswahl einer bestimmten Klasse von Schaltoperatoren prägt einem Netzwerk seine kennzeichnenden Eigenschaften auf.

Die Schaltwerk - Struktur ist bereits in ihren Grundbegriffen von speziellem Charakter. Durch die Verwendung eines globalen Zustandsbegriffs ist eine Einschränkung auf eine synchrone Struktur vollzogen. Zustände und Übergänge zwischen ihnen lassen sich nur in einer synchronen Theorie streng definieren.

Für die Anwendungen digitaler Systeme sind die Transformationseigenschaften von Informationen wesentlich.
Die Abbildungen von eingangsseitigen Informationen auf ausgangsseitige Informationen werden in Zusammenhang gebracht mit den anderen Beschreibungsarten der Informationsverarbeitung. Die theoretische Leistungsfähigkeit der synchronen Theorie wird durch den Fundamentalsatz charakterisiert.

2. Netzwerke

Das Netzwerk als topologische Struktur steht in engem Zusammenhang mit physikalisch realisierbaren Aggregaten zur digitalen Informationsverarbeitung.

Es dient als Funktionsmodell, in dem Schaltelemente miteinander zu einem Netzwerk verknüpft werden.

In abstrakter Form hat man einen Graphen mit zwei abstrakten Mengen, C als Menge aller Zweige des Graphen und K als Menge aller Knoten. Im Sinne der Informationsverarbeitung können die Elemente von C als informationstragende Kanäle und die Elemente von K als informationsverarbeitende Punkte interpretiert werden.

Zwischen Elementen von C und K wird die Verknüpfung durch eine Inzidenz-Relation J

$$J \subseteq C \times K$$

gegeben.

Ein Netzwerkgraph läßt sich dann darstellen durch das System

$$\Gamma_N = (C, K, J).$$

In der Graphenstruktur treten hinzu Angaben über die Art der Informationsverarbeitung.

W sei eine abstrakte Menge. Sie läßt sich interpretieren als Menge von Informationswerten (Signalen, z. B. als Boolesche Menge $\{o, 1\}$).

$\mathfrak{F}$ sei eine Klasse von Schaltoperatoren über W. Auf die Bedeutung der Schaltoperatoren wird später noch näher eingegangen.

Die Informationsverarbeitung eines Netzes kann erfaßt werden, indem den Elementen aus K Schaltoperatoren aus $\mathfrak{F}$ zugeordnet werden, und bestimmte Elemente aus C ausgezeichnet sind als Eingangs- und Ausgangs-

Kanäle des Netzes. Diesen ausgezeichneten Kanälen werden Elemente aus W als Anfangswerte (Randbedingungen) der Informationsverarbeitung zugeordnet.

Solche Zuordnungen sollen Bewertungen von Γ_N heißen. Sie lassen sich darstellen durch Relationen

$$B_c \subseteq C \times W$$

$$B_k \subseteq K \times \mathfrak{F}$$

und das System

$$B_N = (C , K , W , \mathfrak{F} , B_c , B_k)$$

Die Zusammenfassung von Netzwerkgraph und Bewertung wird $\mathfrak{N}$ - Struktur genannt.

$$\mathfrak{N} = (\Gamma_N , B_N) = (C , K , W , \mathfrak{F} , J , B_c , B_k)$$

3. Schaltoperatoren

Eine $\mathfrak{N}$ - Struktur wird im wesentlichen geprägt durch die zugehörige Klasse $\mathfrak{F}$ von Schaltoperatoren. Der Begriff eines Schaltoperators ist damit von fundamentaler Bedeutung für die Leistungsfähigkeit von $\mathfrak{N}$.

In der Klasse aller Schaltoperatoren sind die speziellen Klassen von Schaltkreisoperatoren bzw. Schaltwerkoperatoren enthalten. Also einmal solche Operatoren, die ohne Verwendung des Zeitbegriffs formuliert werden, dann solche, die eine zeitliche Abhängigkeit der Informationsverarbeitung ausdrükken, d. h. eine Speicherfähigkeit von Informationen aufweisen.

Die den Knoten zugeordneten Schaltoperatoren verknüpfen die mit einem Knoten inzidenten Kanäle, die die Träger von Informationswerten sind.

Für Schaltoperatoren sind folgende Punkte maßgebend:

1. Die Anzahl der mit einem Knoten inzidenten Kanäle (Stellen eines Schaltoperators + 1)
2. Die Wertigkeit der zu verarbeitenden Informationen (Bewertung der Stellen)
3. Die Abbildungs-Eigenschaften
4. Die Zugehörigkeit zu einer bestimmten Klasse von Schaltoperatoren und der Begriff eines funktionell-vollständigen Basis-Systems von Schaltoperatoren dieser Klasse.

Ein Schaltoperator $f \in \mathfrak{F}$ erzeugt ganz allgemein eine Relation R über der Menge W der Informationswerte.

R ist eine Menge von Tupeln $\tau \in W \times W \times \ldots \times W = W^l$ mit geeignetem $l > 1$, das von der Eigenschaft des Operators f abhängt.

Für alle $f \in \mathfrak{F}$ läßt sich die der Klasse $\mathfrak{F}$ entsprechende Klasse der Relationen R darstellen durch

$$R(\mathfrak{F}) \subseteq \bigcup_{l=2,3,\ldots} W^l .$$

Speziell ist die zu $f \in \mathfrak{F}$ gehörige Relation $R(f)$ folgende Menge

$$R(f) = \left\{ \tau_f \;\middle|\; \tau_f : N_{\nu_1 + \Delta \cdot (\nu_2 + \mu)} \longrightarrow W \wedge \nu_1 \geqq 1 \wedge \nu_2 \geqq 0 \wedge \mu \geqq 1 \wedge \Delta \geqq 1 \right\}$$

bzw.

$$R(f) \subseteq W^{\nu_1 + \Delta \cdot (\nu_2 + \mu)}$$

Hierbei bedeutet $N_\nu = \{1, 2, \ldots, \nu\} \subseteq N = 1, 2, \ldots$ (Menge der nat. Zahlen). Δ kann bei synchronen Operatoren als Anzahl aufeinanderfolgender Zeitpunkte (Takte) gedeutet werden.

$\tau : N_\nu \longrightarrow W$ ist eine Abbildung von N_ν in W, also ein ν-Tupel von Werten aus W.

Beispiele :

1. Schaltkreise.

$v_1 = v+1 , \quad v_2 = \mu = \Delta = 0$

$$R(f) = \{ \tau \mid \tau : N_{v+1} \rightarrow W \wedge v \geq 1 \}$$

bzw.

$$R(f) \subseteq W^{v+1}$$

Das kann interpretiert werden als Schaltelement, in dem Signale aus W auf Eingangskanälen unter Verwendung des Schaltoperators f ohne Zeitverzögerung zu einem Signal auf einem Ausgangskanal umgesetzt werden.

(Schaltkreisoperator mit Eingängen und einem Ausgang. Bei mehreren Ausgängen ist $_1$ entsprechend zu wählen).

2. Synchrone Schaltwerke.

2.1. R-S Flip-Flop (Gleichstrom - Impuls - Technik)

$W = \{ 0 , 1 \}$

$v_1 = 2 , \quad v_2 = 1 , \quad \mu = \Delta = 1$

y

R-S

x_1 x_2

$R(f) = \{ \tau \mid \tau : N_4 \rightarrow W \} =$

x_1 (v_1)	x_2 (v_1)	y (v_2)	y' (μ)
0	0	0	0
1	0	0	0
0	1	0	1
0	0	1	1
1	0	1	0
0	1	1	1

2.2. Verzögerungselement (Delay) (Impulstechnik)

$W = \{0, 1\}$

$\nu_1 = \mu = \Delta = 1 , \quad \nu_2 = 0$

$R(f) = \{ \tau \mid \tau : T_2 \longrightarrow W \} =$

x —[D]— y

x	y'
0	0
1	1

2.3. Magnetkern - Schaltelement zur Speicherung eines Signals - Komplements für eine Taktzeit mit Rückstellung (Impuls- Technik)

$W = \{ -1 , 0 , 1 \}$

$\nu_1 = \nu_2 = \mu = 1 , \quad \Delta = 3$

y, x p

$R(f) = \{ \tau \mid \tau : N_7 \longrightarrow W \} =$

x	p	y	p'	y'	p''	y''
0	0	0	0	0	-1	0
0	0	0	1	1	-1	-1
1	0	1	0	0	-1	-1
1	0	1	1	0	-1	-1

Bei Auftreten von $p' = 1$
in der 2. Taktzeit wird das Komplement von x während Takt 1 als y' ausgelesen. Im Takt 3 erfolgt durch $p'' = -1$ die Rückstellung des Magnetkerns.

In der gebräuchlichen synchronen Schaltwerktheorie wird eine spezielle Klasse von Schaltoperatoren verwendet, die sich aus einer Erweiterung von Begriffen der zweiwertigen Aussagenlogik herleiten und mit den Verknüpfungen einer Booleschen Algebra in enger Beziehung stehen.

Die Klasse von Schaltoperatoren setzt sich zusammen aus

1. Funktionell - vollständigem Basis - System zweiwertiger Schaltkreisoperatoren (zeitunabhängig)

   z.B. 1.1. Sheffer - Operator (NAND)

   1.2. Peirce - Operator (NOR)

1.3.	UND - Operator NICHT - Operator	(Konjunktion) (Negation)
1.4.	ODER - Operator NICHT - Operator	(Disjunktion) (Negation)
1.5.	Exklusiv - ODER - Operator UND - Operator EINS - Operator	(Antivalenz)

sind mögliche Basis - Systeme.

2. Zeitabhängige Schaltoperatoren

z. B. 2.1. Verzögerungs - Operator

2.2. Zähler mod n - Operator

2.3. bistabiler Speicher - Operator

In der Praxis hat sich ein System zweiwertiger Schaltkreisoperatoren als sehr brauchbar erwiesen und zwar das Boolesche System mit

UND - Operator
ODER - Operator
NICHT - Operator

Dieses System ist übervollständig (1.3., 1.4.), aber vereinfacht die Beschreibung von Schaltkreisen und synchronen Schaltwerken.
Für die weiteren Betrachtungen in der synchronen Theorie wird folgende Klasse von Schaltoperatoren ausgewählt.

Klasse regulärer Schaltoperatoren $\mathfrak{F}_r$ über $W = \{ 0 , 1 \}$ mit

$\mathfrak{F}_r = \{$ UND - Operator, ODER - Operator, NICHT - Operator, DELAY - Operator $\}$.

Der Delay - Operator ist ein Verzögerungs- Operator mit der Verzögerung um eine Taktzeit.
Der Begriff regulär stammt von Kleene [1]. Seine eigentliche Bedeutung ergibt sich aus dem weiteren Zusammenhang.

Durch $\mathfrak{F}_r$ wird der $\mathfrak{N}$ - Struktur eine synchrone Struktur $\mathfrak{N}_r$ aufgeprägt.

Ein solches synchrones Netzwerk kann nur noch eine bestimmte Klasse von Signalfolgen sinnvoll verarbeiten. Eine Aussage darüber macht der Fundamentalsatz der synchronen Theorie.

In der Graphendarstellung Γ_N von $\mathfrak{N}_r$ entsprechen den Schaltoperatoren von $\mathfrak{F}_r$ bewertete Knoten, die symbolisch durch Schaltelemente repräsentiert werden.

Ohne Einschränkung der Allgemeinheit kann man den UND - Operator bzw. ODER - Operator als zweistellig, den NICHT - Operator und DELAY - Operator als einstellig annehmen.

UND - Operator	x, y → (∧) → z	$z = x \wedge y$
ODER - Operator	x, y → (∨) → z	$z = x \vee y$.
NICHT - Operator	x → (~) → z	$z = \bar{x}$
DELAY - Operator	z' → [D] → z	$\begin{cases} z(t_o) = 0 \\ z(t_k) = z'(t_{k-1}) \end{cases}$

Beim D - Operator ist zum Zeitpunkt t_o (Zeitnullpunkt) der Ausgang z=o. In der Netzdarstellung von $\mathfrak{N}_r$ wird entsprechend der Bewertung B_k von obigen Symbolen Gebrauch gemacht.

4. Postulate für finite synchrone Netzwerke.

Um die Theorie der Netzwerke den physikalischen Erfordernissen anzupassen, müssen bestimmte Annahmen über verwendbare Strukturen gemacht werden. Durch folgende Axiome, die von BURKS - WANG [2] angegeben wurden, wird eine Klasse von Netzwerken ausgezeichnet, die man finite synchrone Netzwerke nennt.

Im folgenden versteht man unter Zustand die Bewertung bestimmter Zweige einer N - Struktur (Ausgänge von Schaltoperatoren)

$\mathring{N} = \{0, 1, 2, \ldots\}$ wird als Folge von diskreten Zeitpunkten (Taktzeichen) interpretiert.

Als Elemente eines Netzes werden seine Zweige und Knoten verstanden.

P1 (Diskretheit)

Zwischen irgend zwei Zeitpunkten bzw. Elementen existiert nur eine endliche Anzahl anderer Zeitpunkte bzw. Elemente.

P2 (Finitheit)

In jedem Zeitpunkt gibt es nur endlich viele Elemente und Zustände der Elemente des Netzwerkes.

Die Zahl der Elemente bzw. Zustände des Netzwerkes kann mit der Zeit nicht schrankenlos anwachsen.

Zugelassen ist die unendliche (abzählbare) Zukunft; die Vergangenheit ist endlich. Jede nicht negative ganze Zahl stellt einen Zeitaugenblick dar und umgekehrt. Die Zahl Null kennzeichnet den Zeitbeginn.

P3 (Ausschluß des Wachstums)

Die Struktur und die Anzahl der Elemente eines Netzwerkes verändern sich nicht. Die Anzahl der möglichen Zustände eines Netzwerkes ist konstant.

P4 (Synchrone Struktur)

Zu jedem Zeitpunkt befinden sich die Elemente des Netzwerkes in einem definierten Zustand und ein Gesamt - Zustand des Netzwerkes ist angebbar.

Änderungen der Elemente bzw. Zustände werden nur zu Anfang von Taktzeiten eingeleitet und sind bis zum Ende von Taktzeiten ausgeführt. Die Takte werden zentral von einem Taktgenerator (Uhr) geliefert und müssen zeitlich nicht äquidistant sein (Änderung der Zeitskala zulässig).

P5 (Determiniertheit)

Zu jedem Zeitpunkt ist der vollständige Zustand eines Netzwerkes und die Einwirkung auf seine Umgebung eindeutig nur durch die Zustände in seiner Vergangenheit bestimmt.

P6 (zeitlich rekursive Struktur)

Ein Netzwerk ist durch Gegenwart und kürzeste Vergangenheit eindeutig determiniert.
Jeder Zustand in einem Zeitpunkt wird nur durch Zustände in dem um eine Taktzeit früheren Zeitpunkt bestimmt.

P7 (Netz und Umgebung)

Ein Netzwerk wirkt auf seine Umgebung und ändert seine Zustände entsprechend seiner Struktur und den Eingängen (Einwirkung seiner Umgebung).

Die den Postulaten P1 bis P7 genügende Klasse von finiten synchronen Netzwerken kann im Hinblick auf den Fundamentalsatz auch mit der Klasse der regulären Netzwerke $\mathfrak{N}_r$ identifiziert werden. Den Netzwerken dieser Klasse entsprechen rekursive Schaltwerke, reguläre Ausdrücke und reguläre Automaten.

Die Klasse der finiten schwach synchronen Netzwerke (Muller-Bartky [4]) genügen nicht allen Postulaten P1 - P7.
Bei diesen Netzwerken wird der Zeitbegriff nicht explizit verwendet. An die Stelle von Einzelzuständen treten Zustandsklassen und die Determiniertheit gilt nur in abgeschwächter Weise.

Die Klasse der streng asynchronen Netzwerke (Petri [6]) verwendet den Zeitbegriff und Zustandsbegriff nur in lokaler Weise in bezug auf die Strukturelemente des Netzes, aber nicht für das Netz als Gesamtheit. Die Postulate der synchronen und rekursiven Struktur haben keine Bedeutung mehr. Der Ausschluß des Wachstums wird nicht gefordert.

5. Konstruktionsregeln für Netzwerke

Nach Burks - Wang hat man folgende induktive Regeln für finite synchrone Netzwerke aus $\mathfrak{N}_r$.

1. Jedes Schaltelement ist ein Netzwerk

2. Wenn $\mathfrak{N}_1$ und $\mathfrak{N}_2$ verschiedene Netzwerke sind, y ein Ausgangskanal von $\mathfrak{N}_1$ und x ein Eingangskanal von $\mathfrak{N}_2$, dann entsteht durch Verbindung von y und x wieder ein Netzwerk (Reihenschaltung).

3. Wenn $\mathfrak{N}$ ein Netzwerk ist mit einem Ausgang z eines Delay-Elements und einem Eingangskanal x , dann entsteht durch Verbindung von z und x wieder ein Netzwerk (Zyklenbildung)

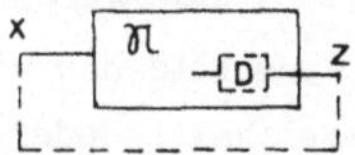

4. Wenn $\mathfrak{N}$ ein Netzwerk mit den Eingangskanälen x_1 und x_2 ist, dann entsteht durch Verbindung von x_1 und x_2 wieder ein Netzwerk

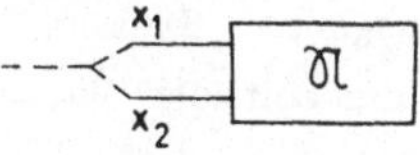

5. Wenn $\mathfrak{N}_1$ und $\mathfrak{N}_2$ verschiedene Netzwerke sind, so bilden $\mathfrak{N}_1$ und $\mathfrak{N}_2$ zusammen ein einzelnes Netzwerk .

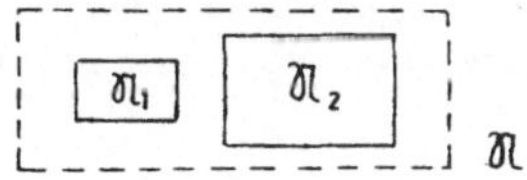

6. Was nicht aus 1. bis 5. hergeleitet werden kann bildet kein Netzwerk. Z. B. ist ein einzelner Kanal ohne Schaltelement x —— y kein finites synchrones Netzwerk.

6. Schaltwerke.

Ein Netzwerk ist in seiner Zweig - Knoten - Struktur der physikalischen Realisierung eines Digital-Systems ähnlich. Durch Abstraktion der Wirkungsweise eines Netzwerkes kann man ein mathematisches Modell gewinnen, welches nur die Transformation von Eingangs - Signalen zu Ausgangs-Signalen in Abhängigkeit eines System - Gesamtzustandes beschreibt. Ein solches abstraktes Schaltwerk (sequential machine) erfaßt nicht mehr die lokale Netzwerkstruktur und die Wirkungsweise einzelner Schaltoperatoren mit ihren lokalen Zustandseigenschaften, sondern dient einer globalen Darstellung der Informationsverarbeitung. Nach dem Postulat der synchronen Struktur von Netzwerken (P4) ist zu jedem Zeitpunkt ein Gesamtzustand eines Netzwerkes als Vereinigungsmenge der lokalen Einzelzustände aller Schaltelemente angebbar. Der Begriff eines Gesamtzustandes ist für Schaltwerkmodelle ein Grundbegriff. In ähnlicher Weise werden die auf den einzelnen Eingangskanälen eines Netzwerkes auftretenden Informationen zu einem Eingangs- Signal zusammengefaßt, welches wieder ein Grundbegriff des Modells ist. Eingangs-Signale bei Schaltwerken bedeuten also i.a. Vektoren, deren Komponenten die Signale der einzelnen Eingänge eines Netzwerks sind. Entsprechendes gilt für Ausgangs - Signale.

Ein Schaltwerkmodell beschreibt dann die zeitliche Veränderung des Gesamtzustandes und die Abhängigkeit von Ausgangssignalen infolge von Eingangssignalen. Die Begriffe Eingangs-, Ausgangs-Signal und System -Gesamtzustand setzen das Postulat der synchronen Struktur voraus. Ein Schaltwerkmodell, wie es hier aufgefaßt wird, ist also ein streng synchrones

System. In einer asynchronen Theorie, die den Begriff eines Gesamtzustandes von Netzwerken nicht postuliert, ist ein Modell dieser Art nicht mehr sinnvoll.

Die primitiven Objekte einer synchronen Schaltwerk-Theorie sind Eingangs-Signale, Zustände (im Sinne von System - Gesamtzuständen) und Ausangs - Signale. Ihr funktioneller Zusammenhang kann in Form von Graphen dargestellt werden, die man Zustands - Diagramme nennt.

In einem Zustands-Diagramm oder auch Schaltwerkgraph Γ_S gibt es zwei abstrakte Mengen C und K. C ist die Menge der Zweige, die interpretiert wird als Menge der Transitionen zwischen Zuständen; K ist die Menge der Knoten, wobei den Knoten Zustände zugeordnet werden $J \subseteq C \times K$ ist die Inzidenz - Relation zwischen den Elementen des Graphen. Ein Schaltgraph ist dann durch ein System

$$\Gamma_S = (C, K, J)$$

darstellbar. Zweige und Knoten werden bewertet mit Signalpaaren bzw. Zuständen.

Da Eingangs- und Ausgangssignale als Vektoren von Elementen aus W dargestellt werden, erhält man i.a. 2 Signalmengen. W_x sei die Menge der Eingangssignale x, W_y die Menge der Ausgangssignale y und Z die Menge der Zustände z eines Schaltwerkes.

Die Bewertungen werden durch folgende Relationen gekennzeichnet:

$$B_C \subseteq C \times W_x \times W_y$$

$$B_K \subseteq K \times Z$$

Das System

$$B_S = (C, K, W_y, W\ \ , Z, B_c, B_K)$$

zusammen mit Γ_S soll γ - Struktur genannt werden.

$$\mathcal{S} = (\Gamma_S, B_S) = (C, K, W_x, W_y, Z, J, B_c, B_k)$$

$\mathcal{S}$ - Struktur und $\mathfrak{N}$ - Struktur sind äquivalent im Sinne von Postulat P7 -

Will man von der Graphenstruktur Γ_S absehen und nur die funktionellen Zusammenhänge zwischen Signalen und Zuständen bei Schaltwerken beschreiben, so wird durch J, B_c und B_k folgendes System von Abbildungen induziert.

$$g : W_x \times Z \rightarrow Z$$

$$f : W_x \times Z \rightarrow W_y$$

Diese Schaltwerk - Abbildungen sind über einer Teilmenge von $W_x \times Z$ erklärt, für die obige Relationen J, B_c, B_k zwischen entsprechenden Elementen definiert sind. (Zur relationentheoretischen Darstellung synchroner Schaltwerke vgl. [7])
g vermittelt Transitionen zwischen Zuständen, während f Transformationen der Signale beschreibt.

In Z ist mindestens ein Element z_o als möglicher Anfangszustand des Schaltwerks ausgezeichnet.

Beachtet man die Postulate P6 und P7 für synchrone Netzwerke, so ist das Verhalten eines Schaltwerks durch folgende Beziehungen darstellbar.

z_o als Anfangszustand

$$\begin{aligned} z_{k+1} &= g(x_k, z_k) \\ y_k &= f(x_k, z_k) \end{aligned} \qquad (k = 0, 1, 2, \ldots)$$

Der Index k fixiert die Taktzeiten entsprechend Postulat P4.
Bildet man W_x und Z auf die Menge der natürlichen Zahlen ab, so ist

g eine primitiv rekursive Funktion.

$$z(0) = z_o$$
$$z(n+1) = g[x(n), z(n)].$$

Die Rekursivität ist in bezug auf die Zeit zu verstehen. x(n) wird als augenblickliches Eingangssignal, z(n) als augenblicklicher Zustand, z(n+1) als nächster Zustand bezeichnet.

Anstelle einer $\mathcal{T}$ - Struktur kann ein Schaltwerk auch durch das System

$$S = (W_x, W_y, Z, g, f)$$

beschrieben werden (S - Struktur).

7. Signaltransformationen.

Betrachtet man einen Zeitraum von mehreren Takten, so ändert ein Schaltwerk seinen Zustand zu den Taktzeiten durch die Einwirkung von Eingangssignalen und liefert Ausgangssignale. Einer Folge von Eingangsinformationen entspricht eine Folge von Zuständen und eine Folge von Ausgangsinformationen:

$$x_o, x_1, x_2, \ldots, x_k, x_{k+1}, \ldots, x_\lambda$$
$$z_o, z_1, z_2, \ldots, z_k, z_{k+1}, \ldots, z_\lambda$$
$$y_o, y_1, y_2, \ldots, y_k, y_{k+1}, \ldots, y_\lambda$$

Für die Anwendung digitaler Systeme ist die Transformation von Info ma tionsfolgen i.a. von größerer Bedeutung als die Art der Realisierung m ttel einer Zustands - Struktur.

Wenn man W_x und W_y als Alphabete von Halbgruppen ansieht und als assoziative Verknüpfung $\circ$ die Verkettung von Folgen einführt, so erhält man die Signalhalbgruppen

$$H_x = (X, W_x, \circ)$$
$$H_y = (Y, W_y, \circ),$$

X ist dann die Menge aller Eingangsfolgen, die sich aus Signalen von W_x bilden lassen.

Y bedeutet entsprechend die Menge aller Augangsfolgen.

Es ist zweckmäßig in W_x bzw. W_y die leere Folge Λ aufzunehmen. H_x und H_y sind dann Halbgruppen mit Einselement.

$$\Lambda \circ x = x \circ \Lambda = x$$

Die Transformation von Signalfolgen läßt sich damit durch eine Abbildung

$$\varphi : X \longrightarrow Y$$

beschreiben. Dabei ist i.a. die Abbildung einzuschränken auf eine Teilmenge von X, weil es von der Art der Realisierung abhängt, für welche Eingangsfolgen eine Signaltransformation definiert ist.

Über die Eigenschaften der Abbildung φ bei finiten synchronen Schaltwerken gibt der Fundamentalsatz Auskunft.

Ganz allgemein ist die Abbildung φ kein Homomorphismus von H_x in H_y.

Das System

$$T = (X, Y, \varphi)$$

ist grundlegend für die Transformation von Signalfolgen und soll T-Struktur genannt werden.

8. Grundbegriffe bei formalen Sprachen.

Die Grundaufgabe von Netzwerken bzw. Schaltwerken ist die Verarbeitung von Informationen. In der Theorie sind die Informations - Atome Symbole (Zeichen, Signale). Informationsverarbeitung ist dann eine Verarbeitung von Zeichenfolgen.

Eine Darstellung und Verknüpfung von Zeichenfolgen, die in mancher Beziehung weiterreicht als Halbgruppen, kann man mit allgemeinen formalen Sprachen erreichen.

Die Syntax solcher Sprachen gestattet die Bildung von genau definierten Ausdrücken in dieser Sprache. Mit einer geeigneten Algebra werden dann die Gesetzmäßigkeiten der Verarbeitung von Zeichenfolgen erfaßt.

Erforderlich für die Begriffsbildung bei der Verarbeitung von Informationen sind folgende Mengen.

1. Menge von Objekten (Informations - Symbole) Q (Objektmenge)
2. Menge von Verknüpfungsoperatoren für die Objekte V (Operatormenge)

Mit Hilfe der Elemente von V werden Ausdrücke aus Elementen von Q gebildet, die wieder miteinander verknüpft werden können. Zur Bildung von Ausdrücken in einer formalen Sprache werden Regeln benötigt, die durch die Syntax dieser Sprache geliefert werden.

Eine Syntax ist ein Regelsystem zur Konstruktion formaler Ausdrücke in einer formalen Sprache.

Die Klasse aller Ausdrücke einer formalen Sprache sei L. Eine formale Sprache ist dann als ein System

$$\mathcal{L} = (L, Q, V)$$

mit dem Alphabet Q und der Operatormenge V darstellbar. Die Elemente des Alphabets Q heißen Buchstaben. Die Ausdrücke aus L werden Formeln der Sprache genannt. Die Leistungsfähigkeit einer formalen Sprache wird im wesentlichen charakterisiert durch die Operatormenge V .

Die Zeichenfolgen, die bei finiten synchronen Netzen von Bedeutung sind, kann man mittels der folgenden Menge regulärer Operatoren bilden (Kleene [1], Copi - Elgot - Wright [3]).

$$V^r = \{ \nabla , \square , * \}.$$

Eine mit Verwendung von V^r formulierte Sprache $\mathcal{L}^r$ heißt reguläre Sprache über dem Alphabet Q, ihre Ausdrücke werden reguläre Ausdrükke (Formeln) genannt.

$$\mathcal{L}^r = (L^r , Q , \nabla , \square , *)$$

Die Buchstaben von Q sind Λ, a_i, wobei i einer Indexmenge I angehört.

$$Q = \{ \Lambda , a_i \quad i \in I \}.$$

Syntax von $\mathcal{L}^r$ zur Bildung regulärer Formeln.
Das Regelsystem hat folgende induktive Regeln:

1. Jeder Buchstabe aus Q ist eine Formel
2. Wenn F_1 und F_2 Formeln aus L^r sind,
   dann sind auch
   $(F_1 \nabla F_2)$, $(F_1 \square F_2)$, $(F_1 *)$
   Formeln von L^r.
3. Was nicht aus 1. und 2. abgeleitet werden kann, ist keine Formel der Sprache $\mathcal{L}^r$.

Den nach syntaktischen Regeln gebildeten Formeln sind Mengen von Buchstabenfolgen zugeordnet. Entsprechend den regulären Verknüpfungen gelten folgende Zusammenhänge.

1. Dem Buchstaben Λ entspricht die leere Folge, d.h. die Folge der

Länge o. Die Buchstaben a_i sind als Folgen der Länge 1 aufzufassen. Der Formel Λ ist dann die Menge $\{\Lambda\}$, einer Formel a_i die Menge $\{a_i\}$ zugeordnet.

2. Der Formel

$(F_1 \triangledown F_2)$ entspricht die Vereinigung der den Formeln F_1 und F_2 zugeordneten Folgenmengen;

$(F_1 \square F_2)$ entspricht die Menge aller Folgen der Länge $\lambda_1 + \lambda_2$, deren erste λ_1 Glieder von Folgen der F_1 zugeordneten Folgenmenge und deren weitere λ_2 Glieder von den Folgen der F_2 zugeordneten Menge gebildet werden.

Den Ausdrücken $\Lambda \square F$ bzw. $F \square \Lambda$ entspricht damit die F zugeordnete Folgenmenge. Die Formel

(F^*) ist mit dem Operator $\square$ darstellbar als die unendliche Menge von Formeln

F, $(F \square F)$, $((F \square F) \square F)$, $(((F \square F) \square F) \square F)$, ...

bzw. in abkürzender Schreibweise mittels Operator $\triangledown$ als

$F \triangledown F^2 \triangledown F^3 \triangledown F^4 \triangledown \quad \ldots$

Die dieser Formel zugeordnete Folgenmenge ist die Hülle der F entsprechenden Menge.

Einer regulären Formel ist damit genau eine Menge von Folgen des Alphabets Q zugeordnet. Eine solche Folgenmenge wird reguläre Menge genannt, da ihre Elemente, also ihre Folgen, nur ganz bestimmten durch die Operatormenge V^r induzierten Bildungsgesetzen genügen.

Im mengentheoretischen Sprachgebrauch entspricht dem Operator $\triangledown$ die mengentheoretische Vereinigung, dem Operator $\square$ die Verkettungsoperation $\circ$ bei Folgen und dem Operator $*$ der mengentheoretische Hüllenoperator Δ. Die Hüllenoperation angewandt auf eine nichtleere Menge M ist durch folgende Beziehung definiert.

$$\Delta M = M \cup M \circ M \cup M \circ M \circ M \cup \ldots = \bigcup_{\nu \in N} M^{\nu}$$

mit $M^{\nu} = M \circ M \circ \ldots \circ M$ und der Folgenverknüpfung entsprechend ν mal der Bildung von verallgemeinerten kartesischen Produkten. Zur Formel Λ * gehört die Folgenmenge $\Delta \{\Lambda\} = \{\Lambda\}$

Der regulären Sprache $\mathcal{L}^r = (L^r, Q, \nabla, \square, *)$ ist damit ein System R_Q regulärer Mengen zugeordnet.

$$\mathcal{R}_Q = (\theta, Q, \cup, \circ, \Delta)$$

θ bedeutet die Klasse aller regulären Mengen.

Die Abbildung der Klasse aller regulären Formeln auf die Klasse aller regulären Mengen

$$\rho : L^r \longrightarrow \theta$$

ist surjektiv, aber nicht injektiv. Verschiedenen Formeln sind gleiche reguläre Mengen zugeordnet.

ρ ist ein Homomorphismus von $\mathcal{L}^r$ in $\mathcal{R}_Q$ und zwar ein Epimorphismus, denn es gilt

$$\rho\,(F_1 \nabla F_2) = \rho F_1 \cup \rho F_2$$
$$\rho\,(F_1 \square F_2) = \rho F_1 \circ \rho F_2$$
$$\rho\, F^* = \Delta \rho F.$$

In digitalen Systemen unterscheidet man Eingangs-Teil und Ausgangs-Teil. Ihnen entspricht je eine reguläre Sprache. Die Buchstaben a_i sind Signalwerte der Menge W_x bzw. W_y.

Mit $Q_X = \{\Lambda\} \cup W_x$ und $Q_y = \{\Lambda\} \cup W_y$ hat man dann die regulären Sprachen

$$\mathcal{L}^r_x = (L^r_x, Q_x, V^r) \qquad \text{und}$$

$$\mathcal{L}^r_y = (L^r_y, Q_y, V^r).$$

Die ihnen zugeordneten Systeme regulärer Mengen

$$\mathcal{R}_x = (\theta_x, Q_x, \cup, \circ, \Delta) \quad \text{und}$$

$$\mathcal{R}_y = (\theta_y, Q_y, \cup, \circ, \Delta)$$

werden erhalten durch die Homomorphismen

$$\rho_x : L^r_x \longrightarrow \theta_x \quad \text{und}$$

$$\rho_y : L^r_y \longrightarrow \theta_y .$$

9. Fundamentalsatz der Theorie finiter synchroner Automaten.

In der T-Struktur (X, Y, φ) werden die Eigenschaften der Abbildung

$$\varphi : X \longrightarrow Y$$

charakerisiert durch die Struktur von aufeinander abzubildenden Teilmengen.

φ soll regulär heißen, wenn φ eine eindeutige Abbildung regulärer Mengen ist, d. h. wenn das Bild aller regulären Teilmengen von X und das Urbild regulärer Teil-Mengen von Y selbst auch regulär sind.

Nun gibt es zu jedem finiten synchronen Netzwerk genau ein finites synchrones Schaltwerk und umgekehrt. $\mathfrak{N}_r$ - Strukturen sind also mit $\mathfrak{T}$-Strukturen äquivalent bezüglich Zustands - Eigenschaften und Informationsverarbeitung.

Im Hinblick auf reguläre Sprachen, entspricht die Klasse $\mathfrak{F}_r$ von Schaltoperatoren der Menge V^r regulärer Operatoren der Sprache $\mathcal{L}^r$.

Bei $\mathfrak{T}$ - Strukturen ist die Informationsverarbeitung in Γ_S gekennzeichnet durch Folgen bewerteter Zweige.

Wegen der Finitheit von Γ_S sind die auf ein Schaltwerk anwendbaren Folgen Elemente regulärer Mengen. Die mittels $\mathcal{T}$ realisierbaren T - Strukturen sind ausgezeichnet durch reguläre Abbildungen

$$\varphi : \theta_x \longrightarrow \theta_y .$$

Im Graphen Γ_S sind reguläre Ausdrücke der Zweig-Bewertungen als Zweigfolgen enthalten. Dem Operator $\vee$ entspricht eine Vereinigung von Bewertungen, $\square$ drückt die Folge von zwei Zweigen aus und der Operator $*$ ist als Schleifenbildung zu deuten.

Ist φ vollständig auf X erklärt, so ist die zugehörige S - Struktur vollständig. Im anderen Fall spricht man von einer partiellen S - Struktur.

Es gilt nun das

Analysis - Theorem :

Jedes finite synchrone Netzwerk realisiert eine reguläre Abbildung.
Umgekehrt kann man zu jeder Transformation regulärer Audrücke eine $\mathcal{T}$ - Struktur finden, in der durch Γ_S und entsprechende Zweigbewertungen eine der Transformation entsprechende reguläre Abbildung realisiert wird (s. [5]).

Dieses Synthese - Problem verlangt, zu einem vorgegebenen Paar von regulären Mengen (bzw. regulären Ausdrücken)

$$\vartheta_x \in \theta_x \quad \wedge \quad \vartheta_y \in \theta_y$$

ein Netzwerk zu finden, das die reguläre Abbildung

$$\varphi' : \vartheta_x \rightarrow \vartheta_y$$

realisiert. Ihr entspricht eine partielle S - Struktur, die sich unter Berücksichtigung von Nebenbedingungen (verbotene Signale, Don't Care-Bedingungen) zu einer Ober - Struktur (evtl. vollständigen S - Struktur) erweitern läßt und dann eine reguläre Abbildung

$$\varphi : \begin{cases} \vartheta_x \longrightarrow \vartheta_y \\ X_1 - \vartheta_x \longrightarrow Y_1 - \vartheta_y \quad \wedge \quad X_1 \subseteq X \quad \wedge \quad Y_1 \subseteq Y \end{cases}$$

vermittelt.

Die φ' entsprechende S - Struktur ist i.a. nicht eindeutig bestimmt, da für die Zustands - Struktur in S durch φ' keine eindeutigen Eigenschaften gefordert werden.

Aus der S - Struktur kann durch Netzwerk - Synthese ein ihr äquivalentes Netzwerk $\mathfrak{N}_r$ konstruiert werden. Man hat also folgendes

Synthese - Theorem:

Jede reguläre Abbildung wird durch ein finites synchrones Netzwerk realisiert.

Beide Theoreme ergeben den

Fundamentalsatz:

Finite synchrone Netzwerke realisieren genau reguläre Abbildungen.

Netzwerke und Schaltwerke werden auch häufig mit dem Oberbegriff Automat bezeichnet.

Durch den Fundamentalsatz ist dann der Begriff regulärer Automat erklärt.

Regulären Sprachen entsprechen reguläre Automaten und umgekehrt.

Beispiel:

Die Transformation

$$(1^* 0\, 1)^* \longrightarrow (0^* 0\, 1)^*$$

regulärer Ausdrücke soll durch eine $\mathfrak{T}$ - Struktur realisiert werden. Das folgende vollständige Schaltwerk vermittelt die reguläre Abbildung der entsprechenden regulären Mengen, wenn s_o der Ruhestand ist.

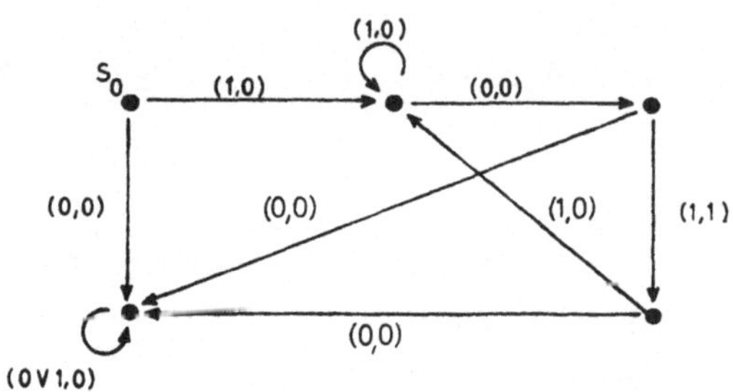

Literatur

[1] KLEENE, S. C.: Respresentation of events in nerve nets and finite automata.
Automata Studies, Princeton 1956, S. 3 - 41.

[2] BURKS, A. W. and WANG, H.: The Logic of automata.
J. Ass. Comp. Mach. 4 (1957) 193 - 218, 279 - 297.

[3] COPI, I. M., ELGOT, C. C. and WRIGHT, J. B.: Realization of events by logical nets.
J. Ass. Comp. Mach. 5 (1958) 181 - 196.

[4] MULLER, D. E. and BARTKY, W. S.: A theory of asynchronous circuits.
Ann. Comp. Lab. Harvard Univ. 29 (1959) 204 - 243.

[5] McNAUGHTON, R. and YAMADA, H.: Regular expressions and state graphs for automata.
IRE Trans. on Electr. Comp. EC 9 (1960) 39 - 47.

[6] PETRI, C. A.: Kommunikation mit Automaten.
Schriften d. Rhein.-Westf. Inst. f. Instr. Math. Univ. Bonn, Nr. 2 1962

[7] BÖHLING, K. H.: Zur Strukturtheorie sequentieller Automaten.
Schriften d. Rhein.-Westf. Inst. f. Instr. Math. Univ. Bonn, Nr. 4 1963

Zur praktischen Durchführung von Reduktionsverfahren für Schaltwerke nach Paull, Unger und Ginsburg

von

Wolfgang Händler *)

Die Verfahren von Paull, Unger und Ginsburg ([1] bis [3]) sind besonders wirksam dann, wenn nicht alle Schaltwerkgrößen von vornherein spezifiziert sind. In der Praxis überwiegen Aufgabenstellungen dieser Art. Es soll im folgenden auf einige Arbeiten der Verfasser aufmerksam gemacht werden, die in der Praxis noch nicht genügend bekannt sind. Die Eignung der Reduktionsverfahren für die Behandlung auf Rechenautomaten ist zu erkennen. Hinweise und Anregungen hierfür sollen gegeben werden.

....

*) Lehrstuhl für Angewandte Mathematik der Universität des Saarlandes (Prof. Dr.-Ing. Joh. Dörr)

Einleitung

Schaltwerke können durch ein Quintupel charakterisiert werden:

$$\mathfrak{T} = (X, Y, Z, \delta, \lambda).$$

Darin sind die X , Y , Z Mengen und die δ , λ Abbildungen (bzw. Funktionen), die im folgenden erklärt werden.

Das Eingabe Alphabet:

$$X := \{x_1, x_2, x_3, x_4 \ldots\ldots x_p\}$$

ist die Menge aller Zeichen, von denen jeweils eines zu betrachteten diskreten Zeitpunkten 'eingegeben' werden kann. In praktischen Fällen ist p oft eine Zweierpotenz.

Das Ausgabe-Alphabet:

$$Y := \{y_1, y_2, y_3, \ldots\ldots y_q\}$$

ist entsprechend die Menge aller Zeichen, die 'ausgegeben' werden können.

In jedem der betrachteten diskreten Zeitabschnitte befindet sich das Schaltwerk in einem der Zustände [1] (Gedächtniszustände), welche durch die

....

1) Die Diskussion wird hier zur Vereinfachung auf synchrone, deterministische, endliche Schaltwerke beschränkt. Hierfür ist auch hinreichend das Schaltwerk in definierten Zeitabschnitten zu betrachten.

Menge der Zustände:

$$Z := \{z_1, z_2, z_3, z_4, \ldots\ldots z_r\}$$

gegeben sind. Wiederum gilt für r (ähnlich wie für p und q), daß für diesen Wert Zweierpotenzen sehr häufig sind wegen des binären Charakters der meisten gebräuchlichen Schaltelemente.

Wie im bekannten Schrifttum (z. B. [4] bis [8]) gezeigt wird, ist das Verhalten eines Schaltwerkes in jedem Augenblick eindeutig bestimmt, wenn 2 Abbildungen (in bzw. auf):

$\delta : Z \times X \rightarrow Z$, [2] 'nächster Zustand',

und $\lambda : Z \times X \rightarrow Y$, Ausgabe,

gegeben sind. Unter $Z \times X$ (lies: ' Z kreuz X ') wird das cartesische Produkt verstanden, das als die Menge aller Paare (z_i, x_k) erklärt ist, welche aus den Mengen Z und X gebildet werden können.

Die beiden Abbildungen werden in der Praxis üblicherweise in Tabellenform (Abb. 1) angegeben, die in Anlehnung an Ginsburg δ, λ -Matrix genannt werden soll. Die Elemente der Matrix liegen wieder in den Mengen Z und X, so daß man schreiben kann:

$$\delta(z_i, x_k) = \delta_{ik} \in Z$$

und

$$\lambda(z_i, x_k) = \lambda_{ik} \in Y$$

Wenn die Abbildungen δ und λ in der Weise definiert werden, wie es oben geschehen ist, gehört das ganze cartesische Produkt zum Definitionsbereich. Die Aufgaben der Praxis führen jedoch selten zu einer Spezifizierung der Abbildungen für jeden Zustand und für jede Eingabe. Im allgemeinen sind vielmehr die Abbildungen δ und λ nur jeweils über Teilmengen von Z x X definiert. Es ist:

$\delta : V \rightarrow Z$ mit $V \subset Z \times X$

und $\lambda : W \rightarrow Z$ mit $W \subset Z \times X$.

....

2) 'Abbildung auf' für den Fall des 'streng zusammenhängenden' Schaltwerkes [4] bzw. 'gebundenen' Schaltwerkes [9].

In seinen bekannten Abhandlungen über die Schaltwerkreduktion [6 , 7 , 8] ergänzt Huffman die gegebenen Abbildungen δ und λ im Hinblick auf die noch nicht definierten Paare $(z_i, x_k) \varepsilon Z \times X - V$ bzw. $(z_i, x_k) \varepsilon Z \times X - W$ (worin das Minuszeichen in ersichtlicher Weise mengentheoretisch zu verstehen ist).
Diese Ergänzung kann nicht in allen Fällen so vorgenommen werden, daß eine optimale Reduktion möglich ist. Wie vielmehr insbesondere Paull und Unger festgestellt haben [1] , ist eine andere Vorgehensweise, die weiter unten noch behandelt werden soll, wesentlich allgemeiner. Sie läßt in vielen Fällen auch dann eine Reduktion des Schaltwerkes zu, wenn die Huffman' schen Regeln nicht mehr anwendbar sind. Wichtige Voraussetzung allerdings für den Erfolg der Vorgehensweise nach Paull und Unger ist allerdings, daß V oder W (oder beide) echte Untermengen von $Z x X$ sind, d. h. daß nicht für alle Paare (z_i, x_k) aus $Z x X$ die Funktionen δ bzw. λ definiert sind. Je weniger die Funktionen von der Aufgabenstellung festgelegt (spezifiziert) werden, desto stärkere Möglichkeiten bietet das später zu beschreibende Verfahren (nach Paull und Unger).
Zunächst sollen die Funktionen δ und λ etwas erweitert aufgefaßt werden. Es soll nicht nur die Reaktion des Schaltwerks auf ein einziges Signal $x_i \varepsilon X$ erklärt sein, sondern auf eine Folge $x^1 x^2 x^3 x^4 \ldots x^n$ mit $x^\nu \varepsilon X$. Dabei sollen die oberen Indizes die zeitliche Folge andeuten. Daß das Verhalten eines Schaltwerks durch δ und λ bereits eindeutig bestimmt ist, bedeutet die Anwendung auf eine ganze Folge von Eingabesignalen nur eine geeignete Interpretation der Abbildungen δ und λ auf diesen Fall . Danach versteht man unter:

$$\delta(z^1, x^1 x^2 x^3 x^4 x^5 \ldots\ldots x^n) = z^{n+1} \qquad z^1, z^{n+1} \varepsilon Z$$

den Zustand z^{n+1}, in den das Schaltwerk übergeht, wenn eine Eingabefolge $x^1 x^2 x^3 \ldots x^n$ angelegt worden ist und z^1 der Zustand ist, in dem sich das Schaltwerk bei Beginn befand. Es ist klar, daß dies nur für Folgen $x^1\ x^2\ x^3\ .....\ x^n$ definiert ist, für die mit jedem Einzelschritt $\nu = 1, 2, ... n$ $\delta(z^\nu, x^\nu) = z^{\nu+1}$ definiert ist. Solche Folgen werden zulässige Eingabefolgen genannt [1 , 2]. Außerdem gilt dann:

$$\delta(z^1, x^1\ x^2 .... x^\nu .... x^n) = \delta(\delta(z^1, x^1 x^2 .. x^\nu), x^{\nu+1} .. x^n).$$

Sinngemäß wird unter:

$$\lambda(z^1, x^1 x^2 x^3 .... x^n) = y^1 y^2 y^3 .... y^n$$

die Folge der Ausgabesignale $y^1 ... y^n$ verstanden, die dadurch ausgelöst wird, daß die Eingabefolge $x^1 x^2 x^3 ... x^n$ im Zustand z^1 angelegt worden ist. Es wird demnach weiter festgelegt:

$$\lambda(z^1, x^1 x^2 x^3 ... x^n) = \lambda(z^1, x^1)\lambda(z^2, x^2)\lambda(z^3, x^3) .. \lambda(z^n, x^n)$$

und

$$= \lambda(z^1, x^1)\lambda(\delta(z^1, x^1), x^2)\lambda(\delta(\delta(z^1, x^1), x^2), x^3)$$

Während δ jeweils einen Zustand festgelegt (sofern, wie erwähnt, alle Zwischenschritte definiert sind), stellt die Funktion $\lambda(z^1, x^1 .. x^n)$ mit einer Eingabefolge im Argument die gesamte daraus resultierende Ausgabefolge dar.
Bei der Betrachtung der Verhaltensweise spielt die Menge der Zustände, mit der sie erzielt wird, nur eine untergeordnete Rolle. Nicht die Zustände an sich interessieren, sondern vielmehr der Zusammenhang zwischen Eingabefolge - Ausgabefolge bei einem angegebenen Zustand. Ein Paar bestehend aus Zustand und Eingabefolge einerseits und Ausgabefolge andererseits kann als 'Verhaltensweise' definiert werden. Eine Menge von Verhaltens-

weisen entspricht zumeist der Aufgabenstellung. Da (wie gerade festgestellt worden ist) die Menge der Zustände nicht unmittelbar interessiert, sofern nur die Aufgabenstellung gelöst werden kann, darf man alle Bemühungen darauf verwenden, die Anzahl der Zustände zu einem Minimum zu machen. Der Aufwand beläuft sich bei den heute üblichen Schaltmitteln (grob gerechnet)auf etwa ldr bei r verschiedenen Zuständen [2a]. Auf die Tatsache, daß es aus Gründen einfacher Bedienung und Wartung gelegentlich zweckmäßig sein kann, nicht das Minimum der Anzahl der Zustände anzustreben, soll hier nicht eingegangen werden. Ebenso soll die Frage, ob unter mehreren Schaltwerken minimaler Zustandsanzahl noch eine günstige Wahl getroffen werden kann, hier nicht untersucht werden.

Schaltwerkreduktion

Wie schon erwähnt, läßt sich die Aufgabenstellung der Schaltwerktheorie in den meisten Fällen als eine Menge von Verhaltensweisen charakterisieren. Hieraus erhält man eine δ , λ - Matrix, die im allgemeinen nicht minimal hinsichtlich der Zeilenzahl (Anzahl der Zustände) ist. Zumeist stehen die verschiedenen Verhaltensweisen noch beziehungslos nebeneinander und bilden disjunkte Zeilenmengen in der Matrix. Dabei sind eine große Anzahl von Elementen in der Matrix nicht festgelegt, weil die darin zum Ausdruck kommende Situation (Konfiguration) von der Aufgabenstellung nicht in Betracht gezogen wird.

Die in dieser Weise aufgestellte δ , λ - Matrix stellt bereits ein Schaltwerk:

$$\mathfrak{F} = (X, Y, Z, \delta, \lambda)$$

dar, das die verlangten Eigenschaften aufweist. Gesucht ist nun ein Schaltwerk:

....

2a) ldr soll den Zweieralgorithmus bedeuten.

$$\mathcal{T}^* = (X, Y, Z^*, \delta^*, \lambda^*)$$

mit den Eigenschaften:

1. Für jede Eingabefolge $x^1 x^2 x^3 \ldots x^n$, die für einen Zustand $z \in Z$ zugelassen ist, existiert ein Zustand $z^* \in Z^*$, so daß:

$\lambda(z, x^1 x^2 \ldots x^n) = \lambda^*(z^*, x^1 x^2 \ldots x^n).$

Man schreibt hierfür auch [1 , 2]:

$$z^* \geqq z$$

Man verlangt diese Eigenschaft für alle Zustände $z \in Z$ und schreibt

$$\mathcal{T}^* \geqq \mathcal{T} \qquad \text{(1. Forderung)}$$

2. Unter allen Schaltwerken, welche 1. erfüllen, soll $\mathcal{T}^*$ eines sein, daß die geringste Anzahl von Zuständen aufweist. [3] $n(Z)$ soll das Minimum sein unter allen Schaltwerken Z', welche die Bedingung $n(Z') \leqq n(Z)$ erfüllen. Es gilt demnach:

$$n(Z^*) \leqq n(Z') \leqq n(Z) \qquad \text{(2. Forderung).}$$

Ein Schaltwerk $\mathcal{T}^*$, das die Eigenschaften 1. und 2. aufweist (bzw. Forderungen 1 und 2 erfüllt), wird ein reduziertes Schaltwerk hinsichtlich $\mathcal{T}$ genannt.

Etwas einfacher ausgedrückt bedeuten die letzten Feststellungen, daß das Schaltwerk $\mathcal{T}^*$ (beginnend mit einem z^*) alles tut, was das Schaltwerk $\mathcal{T}$ (beginnend mit einem z) tut (1. Forderung) und daß dieses Schaltwerk

....

3) Es kann mehrere Lösungen geben.

$\mathcal{T}$* im Hinblick auf die Anzahl der Zustände minimalen Aufwand darstellt (2. Forderung).

2 Zustände z_j und z_l im Schaltwerk $\mathcal{T}$ werden verträglich (compatibel) genannt, wenn für jede Eingabefolge $x^1 x^2 \ldots . x^n$, die hinsichtlich z_j und z_l zulässig ist, gilt:

$$\lambda(z_j, x^1 x^2 \ldots . x^n) = \lambda(z_l, x^1 x^2 \ldots . x^n).$$

Eine Menge von paarweise verträglichen Zuständen wird Verträglichkeitsmenge V genannt [4]. Maximale Verträglichkeitsmengen M sind solche, die in keiner anderen Verträglichkeitsmenge V (echt) enthalten sind.
Es sei ausdrücklich angemerkt, daß ein Zustand $z \in Z$ im allgemeinen Falle, den Paull und Unger vorsehen, zu mehreren Verträglichkeitsmengen (V bzw. M) gehören kann. Ein Zustand z_i gehört nur dann eindeutig in eine Verträglichkeitsmenge, wenn für alle k die δ_{ik} und λ_{ik} spezifiziert sind.

Zum Zwecke der Reduktion bildet man für $\mathcal{T}$ alle Maximalen Verträglichkeitsmengen M_μ :

$$M_\mu := \{ z \mid z \in Z \text{ und } z \leqq z_\mu^{**} \}$$

Darin ist z_μ^{**} zunächst ein Repräsentant dieser Verträglichkeitsmenge M_μ. Für alle z dieser Menge M_μ gilt, daß die verschiedenen λ_{ik} einander nicht widersprechen und daß z_μ^{**} zusammenfassend alle Spezifikationen enthält. Es gilt sicher

$$\bigcup_\mu M_\mu = Z$$

....

4) Aus z_j vertr z_l und z_l vertr z_m folgt im allgemeinen nicht z_j vertr z_m. Die Betonung liegt also auf 'paarweise verträglich' (Theorem 2 von Paull und Unger).

jedoch:

$M_\mu \cap M_\nu = 0$ für $\mu \neq \nu$ nur in besonderen Fällen, in denen die Huffmanschen Regeln zur Reduktion hinreichen. In diesen Fällen gehen die M_μ in Äquivalenzklassen über.

Aus diesen Mengen M_μ bildet man dann in geeigneter Weise eine sogenannte geschlossene Familie von Verträglichkeitsmengen

$$\mathfrak{V} := \{ V_1, V_2, V_3, V_4, \ldots . V_s \}$$

wobei die V_ν im allgemeinen Untermengen der M_μ, also $V_\nu \subseteq M_\mu$, sind. Auch können solche Verträglichkeitsmengen durch Zerlegung wie z. B. $V_\nu \cup V_{\nu+1} \subseteq M_\mu$ gewonnen werden. Die Familie $\mathfrak{V}$ von Verträglichkeitsmengen V muß den folgenden Geschlossenheitsbedingungen genügen:

1. Jeder ursprünglich gegebene Zustand $z \in Z$ muß in wenigstens einer Verträglichkeitsmenge $V \in \mathfrak{V}$ enthalten sein.

2. Es muß erfüllt sein:

$$(\forall V_\mu \mid V_\mu \in \mathfrak{V}) [(\forall x \mid x \in X) (\{ \delta(z,x) \mid z \in V_\mu \, , \, \delta(z,x) \text{ und } \lambda(z,xx^1) \text{ exist. f.e.} x^1 \} \subseteq V_\nu)]$$

Einfacher ausgedrückt, müssen alle Übergänge aus einer Verträglichkeitsmenge (bei sonst gleichbleibenden Bedingungen, insbesondere gleichem x) wieder in eine Verträglichkeitsmenge führen.

Die kleinste solche Familie hinsichtlich der Anzahl der Verträglichkeitsmengen V stellt die Lösung dar, indem für jede dieser Verträglichkeitsmengen ein Zustand im resultierenden Schaltwerk $\mathcal{T}^*$ gewählt wird.

Ist die Familie $\mathfrak{M}$ der maximalen Verträglichkeitsmengen M so beschaffen, daß in jedem $M \in \mathfrak{M}$ wenigstens ein Zustand $z \in M$ enthalten ist, der in keinem anderen M vorkommt, so ergibt die Familie $\mathfrak{M}$ bereits die

Lösung, indem nämlich für jedes M ein Zustand im resultierenden Schaltwerk $\mathcal{T}^*$ gewählt wird (Theorem 4 von Paull und Unger [1]).
Ein trivialer Fall ist schon weiter oben erwähnt worden. Sind nämlich alle Elemente der δ , λ - Matrix spezifiziert, gehen alle $M \varepsilon \mathfrak{M}$ in disjunkte Zustandsmengen über, die auch Äquivalenzklassen genannt werden können. Es es dies der Fall, der - wie oben angeführt - auch mit den früher bekannten Methoden von Huffman optimal gelöst werden kann.
Der zuletzt erwähnte Fall läßt sich auch als Abbildung interpretieren. Darin werden die Zustände des ursprünglich gegebenen Schaltwerks in die Zustände des reduzierten Schaltwerks abgebildet.
Es ist :

$$h : Z \longrightarrow Z^*$$

eine Homomorphie (Huffman - Fall), welche die Bedingungen:

$$h(\delta(z_i, x_k)) = \delta^*(h(z_i), x_k)$$

und :

$$\lambda(z_i, x_k) = \lambda^*(h(z_i), x_k) \quad \text{für alle} \quad (z_i, x_k) \varepsilon Z \times X$$

erfüllt (Abb. 2). Durch h ist in Z eine Äquivalenzrelation gegeben. Die Äquivalenzklasse M_i (vgl. weiter oben) ist gegeben durch:

$$M_i := \{ z \mid z \varepsilon Z, h(z) = z_i^*, \text{ festes } z_i^* \varepsilon Z^* \}.$$

Die Interpretation für den allgemeinen Fall, der hier behandelt werden soll, verläuft analog. Sie wird jedoch etwas umständlicher, weil $g : Z \rightarrow Z^*$ nunmehr eine Transformation ist und weil z. B. die Funktionen δ und λ nur über Teilmengen von $Z \times X$ definiert sind. An die Stelle von Äquivalenzklassen treten schließlich die weiter oben erwähnte maximalen Verträglichkeitsmengen. Auf eine ausführliche Diskussion in dieser Richtung kann hier verzichtet werden.

Wie aus dem Vorangegangenen hervorgegangen sein dürfte, baut das zu beschreibende Reduktionsverfahren auf der Voraussetzung auf, daß die Eingabe- wie Ausgabe - Alphabete (X bzw. Y) nicht verändert werden . Eine solche Aufgabenstellung, bei der auch Eingabe- wie Ausgabe - Alphabete verändert werden dürfen (Übergang von Serienprinzip auf Parallelprinzip und umgekehrt), hat wohl ein gewisses Interesse, wird aber hier nicht behandelt.

Der kurz beschriebene Weg zur Reduktion eines Schaltwerkes läßt sich bis zur Ermittlung der maximalen Verträglichkeitsmengen einschließlich algorithmisch bewältigen. Die anschließende Auswahl einer geschlossenen Familie von Verträglichkeitsmengen dagegen ist einer Abzählung vorbehalten. Es ist jedoch anzunehmen, daß sich hierfür bald Algorithmen finden lassen.

Praktische Durchführung [5)]

Es wird angenommen, daß die Aufgabenstellung als δ , λ - Matrix vorliegt (Abb. 3) und daß hiervon ausgehend die Reduktion für einen Rechenautomaten programmiert werden soll.

1. Paare von verträglichen Zuständen werden ermittelt, indem eine Liste aller möglichen Paare von Zuständen angelegt wird (Abb. 4). Da ein Zustand mit sich selbst verträglich ist und da außerdem im Hinblick auf Verträglichkeitseigenschaften $(i, k) = (k, i)$ gesetzt werden kann, begnügt man sich bei der Liste mit $\binom{r}{2} = \frac{r(r-1)}{2}$ Elementen ($r \equiv$ Anzahl der gegebenen Zustände). Unter diesen Elementen kann man zunächst 3 verschiedene Klassen bestimmen:

....

5) Im folgenden werden Verfahrensfragen erörtert. Dabei ist es oft zweckmäßig, die Größen $x_1, x_2, x_3, \ldots, y_1, y_2, y_3, \ldots, z_1, z_2, z_3 \ldots$ usw. durch ihre Indizes allein zu kennzeichnen. Die Stellung in einer Tabelle oder auch Erläuterungen lassen die jeweilige Bedeutung erkennen.

Klasse (a) 2 Zustände (i,k) sind a priori unverträglich, weil es entsprechende Ausgabesignale gibt (bei gleichem Eingabesignal), die voneinander verschieden sind, bzw. :

$$(\exists \nu)(\lambda_{i\nu} \neq \lambda_{k\nu})$$

Klasse (b) 2 Zustände (i, k) sind a priori verträglich, weil weder entsprechende nächste Zustände noch Ausgabesignale voneinander abweichen oder weil entsprechende nächste Zustände mit den gegebenen Zuständen i bzw. k wieder übereinstimmen [6]:

$$(\forall \nu)\left[\lambda_{i\nu} = \lambda_{k\nu} \wedge (\delta_{i\nu} = \delta_{k\nu} \vee \{\delta_{i\nu}, \delta_{k\nu}\} \subseteq \{z_i, z_k\})\right]$$

Klasse (c) 2 Zustände (i, k) müssen auf ihre Zugehörigkeit zu den anderen beiden Klassen (a) oder (b) erst noch nach dem unten zu beschreibenden Verfahren untersucht werden. Die beiden Zustände stimmen zwar in allen entsprechenden Ausgabesignalen, nicht jedoch in allen entsprechenden nächsten Zuständen überein, so daß sie nicht zur Klasse (b) gerechnet werden können:

$$(\forall \nu)(\lambda_{i\nu} = \lambda_{k\nu}) \wedge (\exists \mu)(\delta_{i\mu} \neq \delta_{k\mu} \wedge \{\delta_{i\mu}, \delta_{k\mu}\} \not\subseteq \{z_i, z_k\})$$

Jedem Element der Liste (jedem Zustandspaar) wird ein entsprechendes Klassen - Kennzeichen beigefügt. In dieses Kennzeichen bezieht man am besten die Vorzeichenstelle des Rechner-Wortes mit ein, damit per Programm einfache Entscheidungen durchgeführt werden können. Alle Elemente der Klasse (c) erhalten nun nach Maßgabe der δ , λ Matrix Eintragungen in Form aller Paare (j, l), in welche die Zustände (i, k) übergehen, wenn man das gleiche Eingabesignal anlegt (Abb. 4). Alle Paare (j,l), die nicht aus den Zuständen i und k herausfallen, können dabei fortgelassen werden.

6) Es wird angemerkt, daß in naheliegender Weise ein nicht spezifiziertes $\lambda_{i\nu}$ (bzw. $\delta_{i\nu}$) jedem anderen $\lambda_{k\nu}$ (bzw. $\delta_{k\nu}$) gleichgesetzt werden kann. $\{\delta_{i\nu}, \delta_{k\nu}\}$ soll die aus 2 Elementen gebildete Menge bedeuten.

Es darf angenommen werden, daß die Klasse (a) nicht leer ist. Andernfalls ist die Aufgabe, wie man sich überlegen kann, trivial. Die Ermittlung der verträglichen Paare wird nun schrittweise in folgender Weise durchgeführt. Für alle Paare (i, k), die zur Klasse (a) gehören, wird untersucht, ob sie in Paaren genannt werden, die zur Klasse (c) gehören. Wenn dies der Fall ist, müssen auch diese Paare von Klasse (c) in die Klasse (a) überschrieben werden. Für die neu entstandene Klasse (a') wird der Prozeßschritt wiederholt, wobei erneut einige Paare von (c') nach (a') umgeordnet werden müssen usw. usw.. Dieser Prozeß endet nach endlich vielen Schritten. Die hierbei gegebenenfalls von (c) übrigbleibenden Paare können nunmehr zur Klasse (b) der verträglichen Paare gerechnet werden. Die resultierende Klasseneinteilung (a*) und (b*) bildet den Ausgangspunkt für die weiter unten zu beschreibende Ermittlung der maximalen Verträglichkeitsmengen $M \in \mathfrak{M}$.

Der Prozeß kann unmittelbar verstanden werden als eine systematische Untersuchung dafür, ob man ausgehend von einem bestimmten Paar von Zuständen (i , k) für irgendeine (zugelassene) Eingabefolge zu einer Differenz in den hieraus gewonnenen Ausgabefolgen gelangen kann. Zu diesem Zweck geht man von der Annahme einer bereits eingetretenen Unverträglichkeit (Paar der Klasse (a)) aus und geht in Schritten von umgekehrter Zeitrichtung vor, bis alle Möglichkeiten erschöpft sind. Die Operationen, welche mit Hilfe der Rechenautomaten durchzuführen sind, betreffen hauptsächlich organisatorische Dinge wie Adressenrechnung, das Erkennen bzw. Identifizieren von Zahlenpaaren und ähnlich.

2. Zur Ermittlung der maximalen Verträglichkeitsmengen kann man folgendermassen vorgehen. Man bildet zunächst, ausgehend von dem in 1. gewonnenen Daten die Verträglichkeitsmatrix (v_{ik}). Hierin ist:

$$v_{ik} = \begin{cases} 0 \text{ wenn } (i, k) \in (a^*) \\ 1 \text{ wenn } (i, k) \in (b^*) \end{cases}$$

und

$$v_{ii} = 1$$

Wegen $(i,k) = (k,i)$ ist die Matrix symmetrisch [7].

Danach wird der Speicherraum für die Liste nach 1. verfügbar. Die Matrix kann zweckmäßigerweise so gespeichert werden, daß eine Zeile mit einem Maschinenwort übereinstimmt. Ist die Anzahl der Zustände größer als die Anzahl der Binärstellen pro Maschinenwort, so müssen gegebenenfalls mehrere Wörter herangezogen werden.

Sind die Zustände i , j , k paarweise miteinander verträglich, so gilt offenbar :

$$v_{ij} = v_{ji} = v_{ik} = v_{ki} = v_{jk} = v_{kj} = v_{ii} = v_{jj} = v_{kk} = 1$$

Entsprechendes gilt für mehr als 3 Zustände.

Bezeichnet man die binären n-Tupel (bzw. r-Tupel), wie sie durch die Zeilen der Matrix gegeben sind, durch v mit einem Index, also v_i für die i - te Zeile, so kann man noch den Durchschnitt zwischen Zeilen definieren als die binärstellenweise Konjunktion. Danach ist also:

$$v_i \wedge v_k = (v_{i1} \wedge v_{k1}, v_{i2} \wedge v_{k2}, v_{i3} \wedge v_{k3}, \ldots\ldots\ldots)$$

worin $0 \wedge 0 = 0$, $0 \wedge 1 = 1 \wedge 0 = 0$ und $1 \wedge 1 = 1$. Entsprechendes sei noch für die wiederholte Durchschnitt-Bildung zwischen Zeilen erklärt (Durchschnitt-Summe $\bigwedge$).

....

7) In etwas anderer Sprechweise kann man auch feststellen, daß ein 'Verträglichkeitsgraph', der durch die v_{ik} aufgespannt wird, ungerichtet ist. Im Gegensatz zum eigentlichen Schaltwerkgraphen nach <u>Moore</u> oder <u>Mealy</u> [4 , 5] veranschlaulicht der Verträglichkeitsgraph nur die Verträglichkeitsbedingungen.

Auf diesen Operationen aufbauend lassen sich alle Verträglichkeitsmengen V ermitteln. Bildet man nämlich den Durchschnitt aller solchen Zeilen, deren Indexes durch $k \mid w_{\nu k} = 1$ für ein vorgegebenes ν - Tupel w_ν bestimmt sind und ist dieser Durchschnitt wieder gleich w_ν, so charakterisiert w_ν eine Verträglichkeitsmenge. Es sind dann nämlich alle Zustände $k \mid w_{\nu k} = 1$ miteinander verträglich [8]. Legt man noch analog zur Durchschnittbildung fest, daß $w_\mu \geqq w_\nu$ genau dann, wenn diese Relation für jede Komponente gilt, so kann man auch schreiben:

$$\mathfrak{M}' := \left\{ w_\nu \mid w_\nu \leqq \bigwedge_{k \mid w_{\nu k} = 1} v_k \ \underline{\text{und}} \ (\neg \exists w_\mu)(w_\mu \geqq w_\nu) \right\}$$

In $\mathfrak{M}'$ soll das Apostroph andeuten, daß die Darstellung der maximalen Verträglichkeitsmengen, wie weiter oben erwähnt, noch in n - Tupelform bzw. r-Tupelform) vorliegt.

Für die Auswahl der w_ν, mit denen der Prozeß durchgeführt wird, lassen sich einfache Regeln angeben. Es sind also keinesfalls alle 2^r r - Tupel, sondern nur solche, die in den Zeilen der Matrix bereits zu erkennen sind, nach der obenstehenden Vorschrift zu prüfen [9]. Daß der Prozeß algorithmisierbar ist, wird z. B. auch in der Arbeit von Paull und Unger [1] gezeigt.

Der Prozeß endet mit einer Liste der maximalen Verträglichkeitsmengen $\mathfrak{M}'$, unter denen sich möglicherweise auch solche von nur 2 Zuständen befinden, die bereits unter 1. ermittelt worden sind.

....

8) Z. B. ist mit $w_\nu = (0,0,1,0,0,1,1)$ die Menge 3 , 6 und 7 eine Verträglichkeitsmenge, vorausgesetzt, daß die angegebene Bedingung erfüllt ist.

9) Natürlich ist es auch nicht sinnvoll, gesondert nach Verträglichkeiten von nur 2 Zuständen zu fragen, die ja unter 1. bereits ermittelt worden sind.

Die erforderlichen Operationen sind vorwiegend logistischer Natur. Daher kann der empfohlene Prozeß mit einem dual bzw. binär arbeitenden - Rechenautomaten am günstigsten durchgeführt werden. Hat man es dagegen mit einem Rechenautomaten für dezimale oder zeichenweise Verarbeitungsform zu tun, so kann es zweckmäßig sein, einen Algorithmus anzuwenden, der die Hauptleistung auf die organisatorische Seite des Rechenautomaten verschiebt (vgl. auch Paull und Unger [1]).

3. Zuletzt wird eine geschlossene Familie von Verträglichkeitsmengen $\mathfrak{V}$ gesucht. Die Liste der maximalen Verträglichkeitsmengen:

$$\mathfrak{M}' := \{ w_1, w_2, w_3, w_4, \ldots\ldots\ \}$$

bildet den Ausgangspunkt bei der Ermittlung einer geschlossenen Familie von Verträglichkeitsmengen :

$$\mathfrak{V} := \{ v_1, v_2, v_3, \ldots\ldots\ldots\ v_s \}$$

Um anzudeuten, daß die Darstellung zunächst in Form von r - Tupel entsprechend den w_1, w_2, w_3 usw. geschieht, sollen die Bezeichnungen abgeändert werden in

$$\mathfrak{V}' := \{ u_1, u_2, u_3, u_4, \ldots\ldots\ u_s \} .$$

Ein ausgezeichnetes r - Tupel ist das Einheitselement, indem r - mal die Eins aufgeführt erscheint. (e = (1 , 1 , 1 , 1 , ... 1)).

Die Geschlossenheitsbedingungen (siehe weiter oben) lassen sich dann so formulieren :

1. $$\bigvee_{u_i \in \mathfrak{V}'} u_i = e$$

(Jeder Zustand kommt in wenigstens einer Zustandsmenge u_i vor).

2. $(\forall V_i \mid V_i \in \mathfrak{V})[(\forall x \mid x \in X)(\{\delta(z,x) \mid z \in V_i$, $\delta(z,x)$ und $\lambda(z, xx^1)$ existieren für ein $x^1\} \subseteq V_j)]$
(Die Folgezustände hinsichtlich einer Eingabe x liegen wieder in einer Verträglichkeitsmenge)[10].

Außerdem soll naheliegenderweise die Anzahl der u_i bzw. V_i möglichst klein sein, denn dies war gerade das Ziel der Schaltwerkreduktion.

Betrachtet man die maximalen Verträglichkeitsmengen aus dem Beispiel (Abb. 3 bis Abb. 5), so ist :

$w_1 = (1, 1, 1, 0, 0, 0, 0)$ bzw. $(1, 2, 3)$
$w_2 = (1, 1, 0, 1, 0, 0, 0)$ bzw. $(1, 2, 4)$
$w_3 = (1, 0, 0, 0, 0, 1, 0)$ bzw. $(1, 6)$
$w_4 = (0, 0, 0, 0, 1, 1, 0)$ bzw. $(5, 6)$
$w_5 = (0, 1, 0, 0, 1, 0, 0)$ bzw. $(2, 5)$
und $w_6 = (0, 0, 0, 0, 0, 0, 1)$ bzw. (7)

Man erkennt, daß auf jeden Fall die max. Verträglichkeitsmengen w_1, w_2 und w_6 an der Lösung beteiligt sein müssen, weil sonst die oben stehende Bedingung 1. nicht erfüllt werden kann. Die untere Grenze für eine geschlossene Familie von Verträglichkeitsmengen stellt dann die Zahl 4 dar, denn :

$$w_1 \vee w_2 \vee w_4 \vee w_6 = e$$

Man überzeugt sich aber leicht davon, daß dann die obenstehende Bedingung 2. nicht erfüllt ist. $\mathfrak{V} := \{w_1, w_2, w_4, w_6\}$ ist also nicht geschlossen.

....

10) Die V_i sollen, wie weiter oben schon erläutert, unmittelbar r-Tupeln u_i entsprechen.

Danach fragt es sich, ob unter diesen Umständen noch die untere Grenze 4 Verträglichkeitsmengen für die geschlossene Familie eingehalten werden kann. Im vorliegenden Beispiel kann diese untere Grenze tatsächlich eingehalten werden. Allgemein muß das aber nicht der Fall sein.

Man kann festellen: Die Verträglichkeitsmengen w_1 und w_2 lassen sich so einschränken, daß sich disjunkte Zustandsmengen ergeben. Man ersetzt w_1 durch u_1 und w_2 durch u_2 gemäß:

$$(1, 1, 1, 0, 0, 0, 0) \geqq (0, 1, 1, 0, 0, 0, 0)$$
$$\text{bzw. } (1, 2, 3) \geqq (2, 3) \qquad \text{bzw. } w_1 \geqq u_1$$

und

$$(1, 1, 0, 1, 0, 0, 0) \geqq (1, 0, 0, 1, 0, 0, 0)$$
$$\text{bzw. } (1, 2, 4) \geqq (1, 4) \qquad \text{bzw. } w_2 \geqq u_2$$

Man überzeugt sich davon, daß :

$$(1,4)\ (2,3)\ (5,6)\ (7)$$

eine geschlossene Familie von Verträglichkeitsmengen ist. Dabei ist interessant, daß (1 , 4) und (2 , 3) Verträglichkeitspaare sind, die von vornherein zur Klasse b (vgl. Abb. 4) gehören. Alle Verträglichkeitsmengen (1 , 4), (2 , 3), (5 , 6) und natürlich (7) der Lösung genügen den Geschlossenheitsbedingungen gemäß 2., wie man aus der δ, λ Matrix (Abb. 3) aber auch aus der Liste Verträglichkeitspaare (Abb. 4) entnehmen kann.

Auch die Familie von Verträglichkeitsmengen:

$$(2,3)\ (2,4)\ (1,6)\ (2,5)\ (7)$$

ist geschlossen. Jedoch hätte das resultierende Schaltwerk 5 anstatt 4 Zustände. Die weiter oben genannte geschlossene Familie ist demgemäß die gesuchte Lösung.

Schlußbemerkung

Die vorstehenden Ausführungen sollen zeigen, daß die beschriebenen Reduktionsverfahren sehr gut für einen Rechenautomaten programmierbar sind. Während der meisten Schritte kann man dabei im Sinne strenger Algorithmen vorgehen. Bei der zuletzt beschriebenen 'Auswahl einer geschlossenen Familie von Verträglichkeitsmengen' wäre man allerdings noch an einem besseren Verfahren als der beschriebenen Abzählung interessiert. Dieser Punkt ist jedoch im Rahmen des Vortrags nicht untersucht worden.

Literatur

[1] PAULL, M.C. und S.H. UNGER : Minimizing the Number of States in Incompletely Spezified Sequential Switching Functions. IRE Transactions EC - 8 (1959) S. 356-367.

[2] GINSBURG, S. : On the Reduction of Superfluous States in a Sequential Machine. J.A.C.M. 6 (1959) S. 259-282.

[3] GINSBURG, S. : A Technique for the Reduction of a given Machine to a Minimal - State - Machine. IRE Transactions EC - 8 (1959) S. 346-355.

[4] MOORE, E.F. : Gedanken - Experiments on Sequential Machines. in: Automata Studies (Herausg. C.E. Shannon und J. McCarthy) S. 129-153.

[5] MEALY, G.H. : A Method for Synthesizing Sequential Circuits. Bell System Techn. J. 34 (1955) S. 1045-1080.

[6] HUFFMAN, D.A. : The Synthesis of Sequential Switching Circuits. J. Franklin Inst. 257 (1954) S. 161-190 und 275-303.

[7] HUFFMAN, D.A. : A Study of the Memory Requirements of Sequential Switching Circuits. MIT Technical Rep. 293, 1955.

[8] HUFFMAN, D.A.: Problems of Sequential Circuit Synthesis MIT. (endgültige Veröffentlichung z. Zt. nicht erinnerlich).

Anmerkung: Die Arbeiten [2] bis [8] stellen jeweils nur eine Auswahl von Arbeiten der Verfasser dar.

[9] BÖHLING, K.H. : Zur Reduktion von Schaltwerken, in 'Colloquium über Schaltkreis- und Schaltwerktheorie'. Vortragsauszüge vom 26. bis 28. Oktober 1960 in Bonn, Basel und Stuttgart, Birkhäuser Verlag 1961.

z \ x	x_1	x_2	x_3	x_4	x_5	
z_1	$\delta_{11}, \lambda_{11}$	$\delta_{12}, \lambda_{12}$	$\delta_{13}, \lambda_{13}$	$\delta_{14}, \lambda_{14}$	$\delta_{15}, \lambda_{15}$	. . . .
z_2	$\delta_{21}, \lambda_{21}$	$\delta_{22}, \lambda_{22}$	$\delta_{23}, \lambda_{23}$	$\delta_{24}, \lambda_{24}$	$\delta_{25}, \lambda_{25}$	. . . .
z_3	$\delta_{31}, \lambda_{31}$	$\delta_{32}, \lambda_{32}$	$\delta_{33}, \lambda_{33}$	$\delta_{34}, \lambda_{34}$	$\delta_{35}, \lambda_{35}$	. . . .
z_4	$\delta_{41}, \lambda_{41}$	$\delta_{42}, \lambda_{42}$	$\delta_{43}, \lambda_{43}$	$\delta_{44}, \lambda_{44}$	$\delta_{45}, \lambda_{45}$	. . . .
⋮	⋮	⋮	⋮	⋮	⋮	. . . .

Abb. 1 δ, λ - Matrix (in Anlehnung an Paull, Unger und Ginsburg)

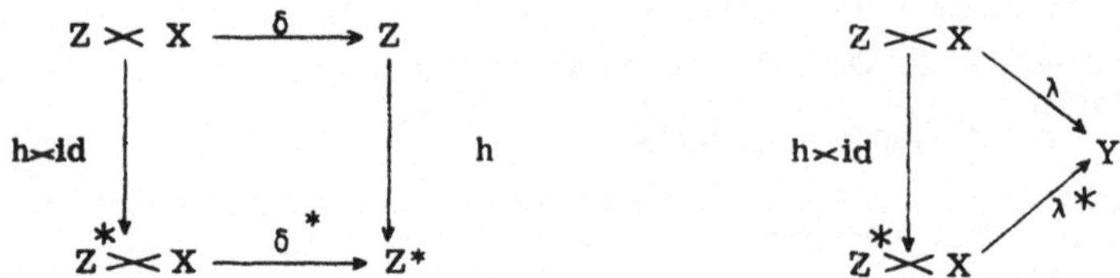

Abb. 2 Schaltwerkreduktion als homomorphe Abbildung im Falle der voll spezifizierten δ , λ - Matrix (Huffman - Fall) (id ≡ identische Abb.)

Z \ X	1	2	3	4
1		6, 1	6, 2	
2		1, -	5, 2	
3	5, 1	1, 1		2, 1
4	2, 1			7, 2
5	3, 2	6, 2		4, 1
6	2, 2		1, 2	1, 1
7	6, 1	4, 2	5, 1	-, 2

Abb. 3 Beispiel: δ , λ - Matrix

Schritt :

			1.	2.	3.	4.
12	16	56	*	*	*	1
13	16		*	*	*	1
14			1	1	1	1
15			0	0	0	0
16	(16)		1	1	1	1
17			0	0	0	0
23			1	1	1	1
24			1	1	1	1
25	16		*	*	*	1
26	15		*	0	0	0
27			0	0	0	0
34			0	0	0	0
35			0	0	0	0
36			0	0	0	0
37			0	0	0	0
45			0	0	0	0
46			0	0	0	0
47	26	56	*	*	0	0
56	14	23	*	*	*	1
57			0	0	0	0
67			0	0	0	0

Abb. 4

Beispiel: Liste der Verträglichkeitspaare

0 : Klasse (a) unverträglich

1 : Klasse (b) verträglich

* : Klasse (c) zunächst unbestimmt

Für die nach dem 3. Schritt verbleibenden Zeichen * gilt :

* ⟶ 1 (werden der Klasse (b) zugeordnet).

$$\begin{pmatrix} 1 & 1 & 1 & 1 & 0 & 1 & 0 \\ 1 & 1 & 1 & 1 & 1 & 0 & 0 \\ 1 & 1 & 1 & 0 & 0 & 0 & 0 \\ 1 & 1 & 0 & 1 & 0 & 0 & 0 \\ 0 & 1 & 0 & 0 & 1 & 1 & 0 \\ 1 & 0 & 0 & 0 & 1 & 1 & 0 \\ 0 & 0 & 0 & 0 & 0 & 0 & 1 \end{pmatrix}$$

Abb. 5

Beispiel : Verträglichkeitsmatrix (vgl. Abb. 4).

Äquivalenzkalkül und orientierte Graphen

von

Joachim Neander *

o. Zusammenfassung.

Es wird eine Definition des bewerteten, orientierten Graphen gegeben, die den besonderen Erfordernissen der Schaltwerktheorie angepaßt ist. Als Spezialfälle werden der MOOREsche und der MEALYsche Graph in Anlehnung an die Zustandsdefinition von MOORE bzw. MEALY erklärt. Ferner wird gezeigt, wie sich diese beiden Arten von Graphen durch Gleichungen des Äquivalenzkalküls darstellen lassen. Im zweiten Teil wird ein leicht programmierbares Verfahren zur Bestimmung der Zusammenhangs- und Bindungskomponenten eines beliebigen orientierten Graphen angegeben. Im Anhang werden noch kurz die wichtigsten Formeln und Regeln des Äquivalenzkalküls zusammengestellt.

1. Definitionen.

Ein (endlicher) bewerteter, orientierter Graph Γ ist ein Quintupel

$$\Gamma := \{ K, F, G, \varphi, \gamma \} \tag{1-1}$$

mit folgenden Eigenschaften: [1]

(1) K ist eine finite Menge. Für $K \neq \emptyset$ seien ihre Elemente mit $k_1, \ldots, k_n$ bezeichnet und die Knoten von Γ genannt. Ihre Anzahl n heißt die Ordnung von Γ. Die Elemente $(k_i, k_j) \in K \times K$ heißen die Kanten von Γ [2]. Für $i \neq j$ soll allgemein $(k_i, k_j) \neq (k_j, k_i)$ gelten (orientierter Graph). Kanten vom Typ (k_i, k_i) heißen Schlingen.

(2) F ist eine nichtleere finite Menge. Ihre Elemente heißen Knotengewichte.

....

* Lehrstuhl für Angewandte Mathematik der Universität des Saarlandes.

1) Wir folgen hier im wesentlichen Gedankengängen von HOHN /SESHU/ AUFENKAMP [5]. Vgl. auch KÖNIG [6].

2) Zwischen zwei Knoten k_i und k_j gibt es bei uns also genau zwei Kanten.

(3) G ist eine finite nichtleere Menge. Ihre Elemente heißen Kantengewichte.

(4) φ ist eine Abbildung von K in F. $\varphi(k_i) =: \varphi_i \in \varphi(K) \subseteq F$ heißt das Gewicht des Knotens k_i.

(5) γ ist eine Transformation aus $K \times K$ in G [3]. Sei $\gamma(K \times K)$ die Vereinigung aller $\gamma_{ij} := \gamma(k_i, k_j)$, so heißt $\gamma_{ij} \subseteq G$ das Gewicht der Kante (k_i, k_j). Die Abbildung φ und die Transformation γ liefern die Bewertung von Γ. Ist $\gamma(k_i, k_j) = \emptyset$, so nennen wir (k_i, k_j) eine leere Kante. Es erweist sich zuweilen als zweckmäßig, die nichtleeren Kanten von Γ zu einer Menge B zusammenzufassen, indem wir setzen

$$(k_i, k_j) = b_{ij} \in B \Longleftrightarrow \gamma(k_i, k_j) \neq 0 \,. \qquad (1\text{-}2)$$

Ein Nullgraph $\mho$ ist eine Graph mit leerer Knotenmenge.

Ein Graph $\Delta := \{K', F', G', \varphi', \gamma'\}$ heißt Teilgraph von $\Gamma := \{K, F, G, \varphi, \gamma\}$, wenn

(1) $K' \subseteq K$
(2) $F' = F$
(3) $G' = G$
(4) φ' bzw. γ' die Einschränkungen von φ bzw. γ auf K' bzw. $K' \times K'$ sind.

Δ ist durch Γ und K' eindeutig festgelegt. Triviale Teilgraphen eines jeden Graphen Γ sind sein Nullgraph $\mho$ und Γ selbst.

Zwei Graphen $\Gamma := \{K, F, G, \varphi, \gamma\}$ und $\Delta := \{K', F', G', \varphi', \gamma'\}$ heißen isomorph [4], in Zeichen $\Gamma \cong \Delta$, wenn

....

3) Eine Transformation aus M in N ordnet jedem $m \in M$ eine Teilmenge $N_m \subseteq N$ zu. $N_m = \emptyset$ ist hierbei zugelassen.

(1) Eine bijektive Abbildung $f : K \to K'$ existiert.

(2) $F = F'$ und $G = G'$ ist. (1-4)

(3) Für alle $i = 1, \ldots, n$ ist $\varphi(k_i) = \varphi'[f(k_i)]$.

(4) Für alle $i, j = 1, \ldots, n$ ist $\gamma(k_i, k_j) = \gamma'[f(k_i), f(k_j)]$.

Zwischen isomorphen Graphen soll im allgemeinen nicht unterschieden werden.

Es sei $\Gamma := \{K, F, G, \varphi, \gamma\}$ und r eine Äquivalenzrelation in K, die mit den Abbildungen bzw. Transformationen φ und γ verträglich ist [5]. Bezeichnen wir noch mit $\bar{\varphi}$ diejenige Abbildung von K/r in F, die für alle $K_i \in K/r$ durch $\bar{\varphi}(K_i) = \varphi(k)$, wobei k beliebig aus K_i ist, erklärt ist (analog wird $\bar{\gamma}$ definiert), so nennen wir

$$\bar{\Gamma}_r := \{K/r, F, G, \bar{\varphi}, \bar{\gamma}\} \qquad (1\text{-}5)$$

ein homomorphes Bild von Γ [6].

....

4) Besser : isomorph im engeren Sinne, denn in der Schaltwerktheorie tritt zuweilen (GINSBURG [4]) eine Isomorphie in einem weiteren Sinne auf, für die gilt :

(1') Es existiert eine bijektive Abbildung $f : K \to K'$.
(2') Es existieren zwei bijektive Abbildungen $g : F \to F'$ bzw. $h : G \to G'$.
(3') Für alle $i = 1, \ldots, n$ ist $\varphi(k_i) = g[\varphi'[f(k_i)]]$
(4') Für alle $i, j = 1, \ldots, n$ ist $\gamma(k_i, k_j) = h[\gamma'[f(k_i), f(k_j)]]$.

5) Eine Äquivalenzrelation r in einer Menge M ist eine Abbildung von $M \times M$ in $\{o, 1\}$ derart, daß
(1) $\forall\ a \in M$ gilt $r(a,a) = 1$ (Reflexivität)
(2) $\forall\ a, b \in M$ gilt $r(a, b) = r(b, a)$ (Symmetrie)
(3) $r(a, b) = r(b, c) = 1 \curvearrowright r(a, c) = 1$ (Transitivität)
r zerlegt M in disjunkte Teilmengen M_i, die Restklassen von M nach r, die wir in einer Faktormenge M/r zusammenfassen.
r heißt verträglich mit einer Abbildung f von M in eine Menge N, wenn für alle $a, b \in M$ gilt $r(a, b) = 1 \curvearrowright r[f(a), f(b)] = 1$.

6) Sei S das Γ zugeordnete vollständige Schaltwerk, so ist $\bar{\Gamma}$ ein Schaltwerk $\bar{S}$ zugeordnet, das zu S äquivalent im Sinne der MOOREschen Definition [8] ist.

7) 'strongly connected' nach MOORE [8].

Unter einem Kantenweg w der Länge 1 auf Γ verstehen wir eine Folge von $(1+1)$ Knoten $k_{i1},\ldots,k_{i,1+1}$ derart, daß für alle $\lambda = 1,2,\ldots,1$ $\gamma(k_{i\lambda}, k_{i,\lambda+1}) \neq \emptyset$ ist. Sind alle $k_{i\lambda}$ voneinander verschieden, so heißt w ein eigentlicher Kantenweg der Länge 1, sind einige oder alle $k_{i\lambda}$ einander gleich, so heißt w ein uneigentlicher Kantenweg der Länge 1.

Zwei Knoten k_i und k_j eines Graphen Γ heißen gebunden [7], in Zeichen $b(k_i, k_j) = 1$, wenn es einen Kantenweg von k_i nach k_j und einen solchen von k_j nach k_i gibt. Daraus folgt sofort, daß für alle $k_i, k_j \in K$ gilt $b(k_i,k_j) = b(k_j,k_i)$, ferner, daß $b(k_i,k_j) = b(k_j,k_k) = 1 \frown b(k_i,k_k) = 1$. Fordern wir noch für alle $k_i \in K$ $b(k_i,k_i) = 1$, so ist b eine Äquivalenzrelation in K. Diejenigen Teilgraphen von Γ, deren Knotenmengen die Elemente von K/b sind, heißen die Bindungskomponenten von Γ [8].

Zwei Knoten k_i, k_j eines Graphen Γ heißen zusammenhängend, in Zeichen $z(k_i,k_j) = 1$, wenn es eine endliche Folge von Knoten $k_i = k_{i1}$, $k_{i2},\ldots,k_{ir} = k_j$ gibt derart, daß für alle $\rho = 1,\ldots,r-1$ gilt $(k_i, k_{i,\rho+1}) \neq \emptyset$ oder $\gamma(k_{i,\rho+1}, k_i) \neq \emptyset$. In dieser Knotenfolge darf ein und derselbe Knoten mehrmals auftreten. Fordern wir wieder für alle $k_i \in K$ $z(k_i,k_i) = 1$, so erweist sich z auch als Äquivalenzrelation. Diejenigen Teilgraphen von Γ, deren Knotenmengen die Elemente von K/z sind, heißen die Zusammenhangskomponenten von Γ [9].

....

8) Fassen wir Γ als zu einem Schaltwerk S gehörendes Übergangsdiagramm auf, bei dem wir Ein- und Ausgaben außer acht lassen, so ist $\bar{\Gamma}_b$ das Makro- Übergangsdiagramm. ('gross state diagram', SESHU [13]) von S.

9) Ihnen entsprechen bei einem Schaltwerk S die unabhängigen Teilschaltwerke von S.

Für die Bedürfnisse der Schaltwerktheorie unterscheiden wir zwei Spezialfälle bewerteter, orientierter Graphen:

(1) Γ ist ein MOOREscher Graph M [10], wenn F aus mehr als einem Element besteht.

(2) Γ ist ein MEALYscher Graph $\mathcal{M}$ [11], wenn

(21) $F = \{ f \}$ nur aus einem Element besteht. Die Abbildung φ ist in diesem Falle trivial und braucht nicht berücksichtigt zu werden (konstante Knotengewichte).

(22) $G = G' \times G''$ ist mit $G', G'' \neq \emptyset$.

Unter einem <u>Diagramm</u> eines Graphen Γ verstehen wir eine anschauliche Darstellung von Γ in der Ebene. Jedem Knoten ordnen wir einen Kreis zu, in den wir seine Nummer k_i und (bei MOOREschen Graphen), durch einen Schrägstrich getrennt, sein Gewicht $\varphi(k_i)$ hineinschreiben. Jede Kante b_{ij} stellen wir durch eine von k_i nach k_j gerichtete Kurve dar, jede Schlinge b_{ii} durch eine von k_i nach k_i zurücklaufende Kurve. Die Orientierung der Kurven wird durch Pfeile angedeutet, die Bewertung an die Kurven herangeschrieben. Ein Beispiel ist in Bild 1 dargestellt.

....

10) Nach E. F. MOORE, der gewisse Diagramme dieser Graphen in [8] zur Beschreibung von Schaltwerken eingeführt hat.

11) Nach G. H. MEALY, der gewisse Diagramme dieser Graphen in [7] zur Beschreibung von Schaltwerken eingeführt hat. MEALY verwendet einen anderen Begriff für den "Zustand" eines Schaltwerks als MOORE. Vgl. auch SESHU [13].

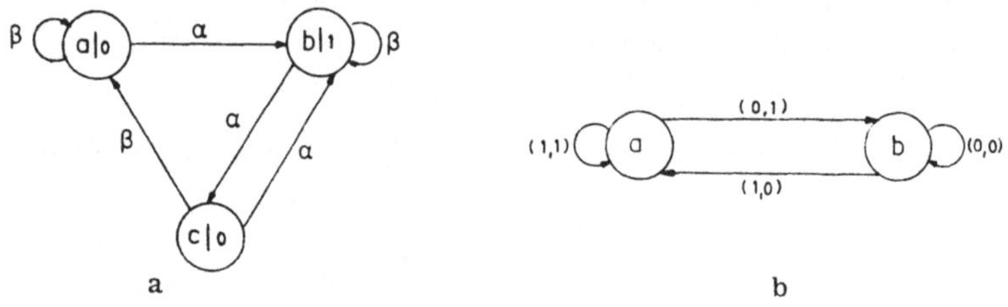

Bild 1

Diagramme bewerteter, orientierter Graphen. a MOOREscher Graph, b MEALYscher Graph.

Zur Darstellung eines bewerteten, orientierten Graphen Γ im Äquivalenzkalkül bemerken wir nur, daß Γ nach den vorangegangenen Definitionen offenbar charakterisiert ist, wenn man die Abbildungen bzw. Transformationen φ und γ mit Bild- und Wertebereichen angibt. Da K endlich ist, kann dies in Form einer Wertetafel geschehen:

φ : (1-6)

k_i	k_1	k_2	.....	k_n
φ_i	φ_1	φ_2	.....	φ_n

Die γ_{ij} ordnet man am zweckmäßigsten in Form einer Matrix [12] an:

$$
(\gamma_{ij}) = \begin{array}{c} \begin{matrix} k_1 & k_2 & \cdots & k_n \end{matrix} \\ \left| \begin{matrix} \gamma_{11} & \gamma_{12} & \cdots & \gamma_{1n} \\ \gamma_{21} & \gamma_{22} & \cdots & \gamma_{2n} \\ \cdots & \cdots & \cdots & \cdots \\ \cdots & \cdots & \cdots & \cdots \\ \gamma_{n1} & \gamma_{n2} & \cdots & \gamma_{nn} \end{matrix} \right| \begin{matrix} k_1 \\ k_2 \\ . \\ . \\ k_n \end{matrix} \end{array} \qquad (1\text{-}7)
$$

....

12) Die Zeilen außerhalb der Matrix geben nur die Reihenfolge der Knoten an und haben keine weitere Bedeutung.

Formal läßt sich dann auch die Wertetafel für φ als (einspaltige) Matrix auffassen:

$$(\varphi_i) = \begin{pmatrix} \varphi_1 \\ \varphi_2 \\ \vdots \\ \varphi_n \end{pmatrix} \qquad (1\text{-}8)$$

Umgekehrt läßt sich jedem Paar $\{(\gamma_{ij}), (\varphi_i)\}$ aus einer n,n-Matrix und einer n-zeiligen Spaltenmatrix ein bewerteter, orientierter Graph Γ der Ordnung n zuordnen, bei dem die γ_{ij} die Kantengewichte und die φ_i die Knotengewichte der n Knoten $k_1, \ldots, k_n$ bedeuten.

Die Darstellung eines Graphen Γ durch zwei Matrizen legt es nahe, diese als Koeffizientenmatrizen zweier Funktionen des Äquivalenzkalküls aufzufassen. φ erscheint dann als eindeutige Funktion (im Sinne des Äquivalenzkalküls) der Knotenvariablen k mit dem Definitionsbereich $K := \{k_1, \ldots, k_n\}$ und dem Wertebereich $\varphi(k) \subseteq F$, γ als Funktion des Vektors $\vec{k} := (k, k)$. Um Verwechslungen zu vermeiden und vor allem, um anzudeuten, daß beide Komponenten des Vektors $\vec{k}$ unabhängig voneinander K durchlaufen, bezeichnen wir die zweite Komponente mit $\tilde{k}$. Der Wertebereich von γ ist $\gamma(K \times K) \subseteq G$. Wir erhalten hiermit folgende Darstellung eines bewerteten, orientierten Graphen im Äquivalenzkalkül:

(1) <u>MOOREscher Graph M :</u>

$$\varphi = \varphi(k) = \varphi_i k^i; \quad i \in K; \quad \varphi_i \in F \qquad (1\text{-}9)$$

$$\gamma = \gamma(k, \tilde{k}) = \gamma_{ij} k^i \tilde{k}^j \;; \quad i, j \in K \;; \quad \gamma_{ij} \subseteq G . \qquad (1\text{-}10)$$

(2) MEALYscher Graph $\mathcal{M}$:

$$\gamma = \gamma\,(k,\tilde{k}) = \gamma_{ij} k^i \tilde{k}^j \quad ; \quad i,j \in K \; ; \; \gamma_{ij} \subseteq G. \qquad (1\text{-}11)$$

(1-9) heißt die Knotengleichung [13], (1-10) die Kantengleichung [14] von M . Für Zwecke der Schaltwerktheorie erweist es sich als zweckmäßig, auch aus (1-11) eine Kantengleichung herauszuziehen derart, daß man in γ_{ij} nur die ersten Komponenten der Paare berücksichtigt [15].

2. Untersuchung der Zusammenhangsverhältnisse.

Γ sei ein beliebiger orientierter Graph und

$$\gamma\,(k\,,\tilde{k}) = \gamma_{ij}\, k^i\, \tilde{k}^j \qquad (2\text{-}1)$$

seine Kantengleichung. Ihre Koeffizientenmatrix (γ_{ij}) ist die Verknüpfungsmatrix des Graphen. Gesucht wird ein Verfahren, von der Kantengleichung ausgehend die Bindungs- und Zusammenhangskomponenten von Γ zu bestimmen.

Hierzu definieren wir eine Relation $\mathfrak{R}$ [16] auf K $\times$ K folgendermaßen:

....

13) Bei einem Schaltwerk " Ausgabegleichung " .

14) Bei einem Schaltwerk " Eingabegleichung ".

15) Bei einem Schaltwerk stellen diese nämlich die Eingaben dar, die den Übergang von k_i nach k_j bewirken.

16) Mit MULLER/BARTKYs Relation $\mathfrak{R}$ identisch.

$$\mathfrak{R}(k_i, k_j) =: r_{ij} = \begin{cases} 1 \Leftrightarrow k_i = k_j \text{ oder } \gamma(k_i, k_j) \neq \emptyset \\ o \Leftrightarrow k_i \neq k_j \text{ und } \gamma(k_i, k_j) = \emptyset . \end{cases}$$

$R := (r_{ij})$ sei die Relationsmatrix [17] zu $\mathfrak{R}$. Man erhält R aus (γ_{ij}), indem man die Kantengleichung auf die Normalform bringt:

$$\bigvee_{s \in G} \gamma_{ij}^{s} \gamma^{s} k^{i} \bar{k}^{j} \vee \gamma_{ij}^{\emptyset} \gamma^{\emptyset} k^{i} \bar{k}^{j} = 1 . \qquad (2\text{-}3)$$

Bezeichnen wir den ersten Term auf der linken Seite mit η:

$$\eta(k, \bar{k}) := \bigvee_{s \in G} \gamma_{ij}^{s} \gamma^{s} k^{i} \bar{k}^{j} , \qquad (2\text{-}4)$$

so sehen wir (da $G \neq \emptyset$), daß

$$\bigvee_{s \in G} \gamma_{ij}^{s} \gamma^{s} = 1 \Leftrightarrow \gamma_{ij} \neq \emptyset \Leftrightarrow \gamma(k_i, k_j) \neq \emptyset . \qquad (2\text{-}5)$$

Definieren wir ferner eine Funktion δ von $\vec{k}$ durch

$$\delta(k, \bar{k}) := \bigvee_{i \in K} \bigvee_{j \in K} i^{j} k^{i} \bar{k}^{j} =: \delta_{ij} k^{i} \bar{k}^{j} , \qquad (2\text{-}6)$$ [18]

für die also

$$\delta_{ij} := \delta(k_i, k_j) = \begin{cases} 1 \Leftrightarrow k_i = k_j \\ o \Leftrightarrow k_i \neq k_j \end{cases} \qquad (2\text{-}7)$$

---

17) Sei $M := \{ m_i \}$ eine abzählbare Menge und r eine zweistellige Relation auf $M \times M$, so heißt $R := (r(m_i, m_j))$ die Relationsmatrix zu r. Für das Rechnen mit Relationsmatrizen siehe BIRKHOFF [1], SESHU/MILLER/METZE [14].

gilt, so liefert die Zusammenfassung von (2-4) und (2-6)

$$\rho(k,\tilde{k}) := \eta(k,\tilde{k}) \vee \delta(k,\tilde{k}) = \bigvee_i \bigvee_j \left(\bigvee_{s \varepsilon G} \gamma_{ij}{}^s \gamma^s \vee \delta_{ij} \right) k^i \tilde{k}^j$$

$$=: r_{ij} k^i \tilde{k}^j , \qquad (2\text{-}8)$$

wobei

$$r_{ij} := \bigvee_{s \varepsilon G} \gamma_{ij}{}^s \gamma^s \vee \delta_{ij} \qquad (2\text{-}9)$$

nach (2-2), (2-5) und (2-7) die Elemente der Relationsmatrix R sind.

Wir erklären jetzt weitere Relationen $\mathcal{R}^{(q)}$ auf $K \times K$ folgendermaßen:

$$\mathcal{R}^{(q)}(k_i k_j) =: {}_q r_{ij} = \begin{cases} 1 \Leftrightarrow \text{es existiert mindestens ein (eigentlicher oder uneigentlicher) } q\text{-Weg zwischen } k_i \text{ und } k_j \\ 0 \text{ sonst} . \end{cases} \qquad (2\text{-}10)$$

....

18) δ_{ij} hat hier eine analoge Bedeutung wie das 'KRONECKER -Delta' in der Analysis. Zu beachten ist aber, daß in der Analysis die Werte o und 1 des Deltasymbols Elemente des Ringes der ganzen Zahlen sind, während sie hier Elemente eines BOOLEschen Verbandes sind.

Für q = 1 erhalten wir wieder die Relation $\mathcal{R} = \mathcal{R}^{(1)}$. Für die Relationsmatrizen $R_q := ({}_q r_{ij})$ gilt nach (2-10) offensichtlich für alle $q > 1$

$$R_{q-1} \leqslant R_q . \tag{2-11}$$

Die Matrizenfolge

$$R = R_1 \leqslant R_2 \leqslant \ldots .$$

ist für einen Graphen endlicher Ordnung nach rechts konstant, d.h. es gibt einen kleinsten Index $p \leqslant n$, von dem ab für $m = 1, 2, \ldots$ stets $R_p = R_{p+m}$ ist. p ist die Länge des längsten eigentlichen Kantenweges auf Γ.

Für jedes $q \in \{1, 2, \ldots\}$ erhält man R_q aus R durch Potenzieren [19]:

$$R_q = R^q . \tag{2-12}$$

....

19) Siehe HOHN/SESHU/AUFENKAMP [5]. Das (i, j) - te Element c_{ij} des Produktes der n-reihigen BOOLEschen Matrizen $A := (a_{ij})$ und $B := (b_{ij})$ ist definiert durch

$$c_{ij} := \bigvee_{k=1}^{n} a_{ik} b_{kj} .$$

Um also R_p zu erhalten, könnte man so vorgehen, daß man nacheinander R^2, R^3, ... usf. bildet, bis nach spätestens (n-1) aufeinanderfolgenden Schritten zwei Matrizen einander gleich sind. Diese sind dann gleich der gesuchten Matrix R_p.

In der Praxis erweist sich dieses Vorgehen aber als recht umständlich. Bei Verwendung eines Digitalrechners wird man umfangreichere R-Matrizen zweckmäßig z. B. zeilenweise fortlaufend abspeichern, wobei man zur besseren Ausnutzung des Speichers gleich so viele Matrixelemente in eine Zelle eingeben wird, wie das Maschinenwort Dualstellen besitzt [20]. Bei dieser Form der Abspeicherung ist aber eine gewöhnliche Matrixmultiplikation nur sehr umständlich durchzuführen, da zur Gewinnung der Elemente der Matrixspalten langwierige Entschlüsselungsoperationen notwendig sind.

Beim Quadrieren BOOLEscher Matrizen läßt sich dies aber vermeiden, wie wir im folgenden zeigen werden. $A := (a_{ij})$ sei eine BOOLEsche Matrix und $B := (b_{ij})$ ihr Quadrat. $(i)_A$ bzw. $(i)_B$ mögen die i-te Zeile von A bzw. B bezeichnen. Dann ist

$$b_{ij} = \bigvee_{k=1}^{n} a_{ik}a_{kj} .$$

Daraus folgt für die Zeilen

$$(i)_B = \bigvee_{k=1}^{n} a_{ik}(k)_A . \tag{2-13}$$

....

20) Bei einer Dualmaschine; bei Dezimalmaschinen empfiehlt es sich, oktale Verschlüsselung zur Redundanzminderung anzuwenden.

Da diejenigen Summanden auf der rechten Seite von (2-13) ,deren Koeffizienten $a_{ik} = o$ sind, nichts zu $(i)_B$ beitragen, können wir sie fortlassen und schreiben

$$(i)_B = \bigvee_{k=1}^{n} a_{ik}{}^1 (k)_A . \qquad (2\text{-}14)$$

Das heißt, um die i-te Zeile des Quadrats von A zu erhalten, bildet man die Union aller derjenigen Zeilen von A, deren Nummern gleich den Spaltenindizes der von Null verschiedenen Elemente der i-ten Zeile von A sind.

Lassen wir die Indizes A und B fort, so können wir (2-14) mit Hilfe des Ergibt-Zeichens [21] auch in der Form

$$\bigvee_{k=1}^{n} a_{ik}{}^1 (k) \Rightarrow (i) \qquad (2\text{-}15)$$

schreiben. Diese Äquivalenzgleichung stellt eine Iterationsvorschrift zur aufeinanderfolgenden Bildung der Potenzen $A^2, A^4, \ldots, A^{2q}$ dar und läßt sich verhältnismäßig einfach programmieren. Aus der ursprünglichen Matrix $R = R^{(1)}$ erhält man durch Anwendung von (2-15) eine Folge von Matrizen $R^{(2)} = R^2, R^{(3)} = R^4, \ldots$. Abgebrochen werden kann die Iteration dann, wenn für einen Index q $R^{(q)} = R^{(q+1)}$ wird, spätestens aber, wenn [22] :

$$q = [\log_2 (n-1)] + 2 \qquad (n \geqslant 1) \qquad (2\text{-}16)$$

....

21) Zur Definition vgl. FROMME [3] .

22) [m] soll hier den ganzzahligen Teil von m bedeuten.

geworden ist. Wir bezeichnen das so erhaltene $R^{(q)}$ auch mit $F := (f_{ij})$. F ist die Relationsmatrix zu einer Relation $\mathcal{F}$[23] auf $K \times K$, die durch

$$\mathcal{F}(k_i, k_j) = \begin{cases} 1 \Longleftrightarrow \text{es existiert ein Kantenweg von } k_i \text{ nach } k_j \text{ [24)]} \\ o \text{ sonst} \end{cases}$$

definiert ist. Aus F erhalten wir sofort die Bindungskomponenten von Γ, wenn wir nämlich bedenken, daß

$$b(k_i, k_j) = 1 \Longleftrightarrow \mathcal{F}(k_i, k_j) = \mathcal{F}(k_j, k_i) = 1 \qquad (2\text{-}17)$$

gilt, woraus folgt, daß die zur Relation b auf $K \times K$ gehörende Matrix $B := (b_{ij})$ durch [25]

$$B = FF' \qquad (2\text{-}18)$$

gegeben wird.

Die Matrix B ist symmetrisch; gleichen Zeilen (bzw. Spalten) von B entsprechen Elemente ein und derselben Restklasse aus K/b. Seien diese Restklassen mit $K_1, \ldots, K_m$ $(m \leqslant n)$ bezeichnet. Wir definieren jetzt auf $K/b \times K/b$ eine Relation μ

$$\mu(K_i, K_j) =: \mu_{ij} = \begin{cases} 1 \Leftarrow = \Rightarrow (\exists k_r \varepsilon K_i)(\exists k_s \varepsilon K_j)(\mathcal{R}(k_r, k_s) = 1) \\ o \text{ sonst.} \end{cases} \qquad (2\text{-}19)$$

....

23) Mit MULLERs Relation $\mathcal{F}$ identisch.

24) In der Sprache der Schaltwerktheorie: k_j ist möglicher Folgezustand von k_i.

25) Der Strich ' soll die transponierte Matrix andeuten.

Die Relation μ spielt für K/b dieselbe Rolle wie die Relation $\mathcal{R}$ für K. Die Elemente μ_{ij} der zugehörigen Relationsmatrix M ergeben sich nach (2-19) aus den Elementen von F durch

$$\mu_{ij} = \bigvee_{k \in K_i} \bigvee_{l \in K_j} f_{kl} \,. \qquad (2\text{-}20)$$

Zur Bestimmung der Zusammenhangskomponenten von Γ gehen wir wieder von R aus und bilden eine Matrix P durch

$$P = R \vee R' \,. \qquad (2\text{-}21)$$

P ist nach (2-21) symmetrisch. Iteriert man von P ausgehend nach der Vorschrift (2-15), so erhält man wieder eine Matrizenfolge $P = P^{(1)}$, $P^{(2)}$ ...., die wieder ab einem Index $p \leqslant [\log_2 (n-1)] + 2$ nur gleiche Glieder enthält. $P^{(p)} = P^{2^{p-1}}$ ist wieder eine symmetrische BOOLEsche Matrix [26]: die Relationsmatrix Z zur Relation z [27].

Zum Schluß möge noch ein Beispiel folgen. Bild 2 zeigt einen (unbewerteten) orientierten Graphen Γ, dessen Bindungs- und Zusammenhangskomponenten untersucht werden sollen.

....

26) Ist $A = (a_{ij})$ eine symmetrische BOOLEsche Matrix, so ist $A^2 = (b_{ij})$ auch symmetrisch, was man wie folgt sieht:

$$b_{ij} = \bigvee_{k=1}^{n} a_{ik} a_{kj} = \bigvee_{k=1}^{n} a_{ki} a_{jk} = \bigvee_{k=1}^{n} a_{jk} a_{ki} = b_{ji} \,.$$

27) Zum Beweis vgl. HOHN/SESHU/AUFENKAMP [5].

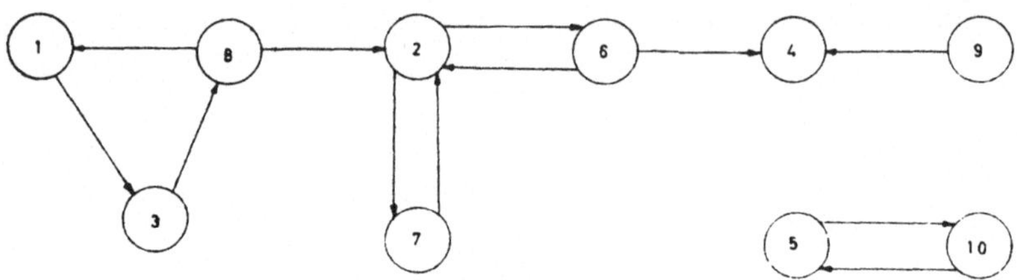

Bild 2.

Orientierter Graph.

$$\begin{pmatrix}
1&0&1&0&0&0&0&0&0&0\\
0&1&0&0&0&1&1&0&0&0\\
0&0&1&0&0&0&0&1&0&0\\
0&0&0&1&0&0&0&0&0&0\\
0&0&0&0&1&0&0&0&0&1\\
0&1&0&1&0&1&0&0&0&0\\
0&1&0&0&0&0&1&0&0&0\\
1&1&0&0&0&0&0&1&0&0\\
0&0&0&1&0&0&0&0&1&0\\
0&0&0&0&1&0&0&0&0&1
\end{pmatrix}
\begin{matrix}1\\2\\3\\4\\5\\6\\7\\8\\9\\10\end{matrix}$$

R - Matrix

$$\begin{pmatrix}
1&0&1&0&0&0&0&1&0&0\\
0&1&0&0&0&1&1&1&0&0\\
1&0&1&0&0&0&0&1&0&0\\
0&0&0&1&0&1&0&0&1&0\\
0&0&0&0&1&0&0&0&0&1\\
0&1&0&1&0&1&0&0&0&0\\
0&1&0&0&0&0&1&0&0&0\\
1&1&1&0&0&0&0&1&0&0\\
0&0&0&1&0&0&0&0&1&0\\
0&0&0&0&1&0&0&0&0&1
\end{pmatrix}
\begin{matrix}1\\2\\3\\4\\5\\6\\7\\8\\9\\10\end{matrix}$$

P - Matrix

$$\begin{pmatrix}
1&1&1&0&0&0&0&1&0&0\\
1&1&1&1&0&1&1&1&0&0\\
1&1&1&0&0&0&0&1&0&0\\
0&1&0&1&0&1&0&0&1&0\\
0&0&0&0&1&0&0&0&0&1\\
0&1&0&1&0&1&1&1&1&0\\
0&1&0&0&0&1&1&1&0&0\\
1&1&1&0&0&1&1&1&0&0\\
0&0&0&1&0&1&0&0&1&0\\
0&0&0&0&1&0&0&0&0&1
\end{pmatrix}
\begin{matrix}1\\2\\3\\4\\5\\6\\7\\8\\9\\10\end{matrix}$$

Matrix $P^{(2)}$

$$\begin{pmatrix}
1&1&1&1&0&1&1&1&0&0\\
1&1&1&1&0&1&1&1&1&0\\
1&1&1&1&0&1&1&1&0&0\\
1&1&1&1&0&1&1&1&1&0\\
0&0&0&0&1&0&0&0&0&1\\
1&1&1&1&0&1&1&1&1&0\\
1&1&1&1&0&1&1&1&1&0\\
1&1&1&1&0&1&1&1&1&0\\
0&1&0&1&0&1&1&1&1&0\\
0&0&0&0&1&0&0&0&0&1
\end{pmatrix}
\begin{matrix}1\\2\\3\\4\\5\\6\\7\\8\\9\\10\end{matrix}$$

Matrix $P^{(3)}$

$$\begin{pmatrix} 1&1&1&1&0&1&1&1&1&0\\ 1&1&1&1&0&1&1&1&1&0\\ 1&1&1&1&0&1&1&1&1&0\\ 1&1&1&1&0&1&1&1&1&0\\ 0&0&0&0&1&0&0&0&0&1\\ 1&1&1&1&0&1&1&1&1&0\\ 1&1&1&1&0&1&1&1&1&0\\ 1&1&1&1&0&1&1&1&1&0\\ 1&1&1&1&0&1&1&1&1&0\\ 0&0&0&0&1&0&0&0&0&1 \end{pmatrix} \quad \begin{matrix}1\\2\\3\\4\\5\\6\\7\\8\\9\\10\end{matrix}$$

<u>Matrix $P^{(4)}$</u>

Es ist ferner $p \leqslant [\log_2 9] + 2 = 5$. Man findet $P^{(5)} = P^{(4)} = Z$. Daraus folgen die Zusammenhangskomponenten

$$Z_1 = \{1,2,3,4,6,7,8,9\} \quad \text{und} \quad Z_2 = \{5,10\} .$$

$$\begin{pmatrix} 1&0&1&0&0&0&0&1&0&0\\ 0&1&0&1&0&1&1&0&0&0\\ 1&1&1&0&0&0&0&1&0&0\\ 0&0&0&1&0&0&0&0&0&0\\ 0&0&0&0&1&0&0&0&0&1\\ 0&1&0&1&0&1&1&0&0&0\\ 0&1&0&0&0&1&1&0&0&0\\ 1&1&1&0&0&1&1&1&0&0\\ 0&0&0&1&0&0&0&0&1&0\\ 0&0&0&0&1&0&0&0&0&1 \end{pmatrix} \quad \begin{matrix}1\\2\\3\\4\\5\\6\\7\\8\\9\\10\end{matrix}$$

<u>Matrix $R^{(2)}$</u>

$$\begin{pmatrix} 1&1&1&0&0&1&1&1&0&0\\ 0&1&0&1&0&1&1&0&0&0\\ 1&1&1&1&0&1&1&1&0&0\\ 0&0&0&1&0&0&0&0&0&0\\ 0&0&0&0&1&0&0&0&0&1\\ 0&1&0&1&0&1&1&0&0&0\\ 0&1&0&1&0&1&1&0&0&0\\ 1&1&1&1&0&1&1&1&0&0\\ 0&0&0&1&0&0&0&0&1&0\\ 0&0&0&0&1&0&0&0&0&1 \end{pmatrix} \quad \begin{matrix}1\\2\\3\\4\\5\\6\\7\\8\\9\\10\end{matrix}$$

<u>Matrix $R^{(3)}$</u>

$$\begin{pmatrix} 1&1&1&1&0&1&1&1&0&0\\ 0&1&0&1&0&1&1&0&0&0\\ 1&1&1&1&0&1&1&1&0&0\\ 0&0&0&1&0&0&0&0&0&0\\ 0&0&0&0&1&0&0&0&0&1\\ 0&1&0&1&0&1&1&0&0&0\\ 0&1&0&1&0&1&1&0&0&0\\ 1&1&1&1&0&1&1&1&0&0\\ 0&0&0&1&0&0&0&0&1&0\\ 0&0&0&0&1&0&0&0&0&1 \end{pmatrix} \quad \begin{matrix}1\\2\\3\\4\\5\\6\\7\\8\\9\\10\end{matrix}$$

<u>$R^{(4)} = R^{(5)} = F$</u>

$$\begin{pmatrix} 1&0&1&0&0&0&0&1&0&0\\ 0&1&0&0&0&1&1&0&0&0\\ 1&0&1&0&0&0&0&1&0&0\\ 0&0&0&1&0&0&0&0&0&0\\ 0&0&0&0&1&0&0&0&0&1\\ 0&1&0&0&0&1&1&0&0&0\\ 0&1&0&0&0&1&1&0&0&0\\ 1&0&1&0&0&0&0&1&0&0\\ 0&0&0&0&0&0&0&0&1&0\\ 0&0&0&0&1&0&0&0&0&1 \end{pmatrix} \quad \begin{matrix}1\\2\\3\\4\\5\\6\\7\\8\\9\\10\end{matrix}$$

<u>$B = FF'$</u>

Daraus folgen die Bindungskomponenten

$K_1 = \{1,3,8\}$, $K_2 = \{2,6,7\}$, $K_3 = \{4\}$, $K_4 = \{5,10\}$,

$K_5 = \{9\}$. Bild 3 zeigt den bezüglich der Relation b zu Γ homomorphen Graphen.

$$\begin{pmatrix} 1&1&0&0&0 \\ 0&1&1&0&0 \\ 0&0&1&0&0 \\ 0&0&0&1&0 \\ 0&0&1&0&1 \end{pmatrix} \begin{matrix} 1 \\ 2 \\ 3 \\ 4 \\ 5 \end{matrix}$$

M-Matrix

K_1 → K_2 → K_3 ← K_5

K_4

Bild 3.
Dem Graphen Bild 2 bezüglich b homomorpher Graph.

3. Anhang. Grundlagen des Äquivalenzkalküls.

$B := \{o,1\}$ sei ein BOOLEscher Verband [28]. $\mathfrak{U}$ sei eine beliebige feste, nichtleere Menge [29]. Ihre Potenzmenge [30] $\mathfrak{P}\mathfrak{U}$ bildet bekanntermaßen einen BOOLEschen Verband, der den zu B isomorphen BOOLEschen Unterverband $\mathfrak{B}\mathfrak{U} := \{\emptyset, \mathfrak{U}\}$ enthält. Wir bezeichnen daher einfach $\emptyset$ mit o und $\mathfrak{U}$ mit 1. Insbesondere gelten dann für Elemente $U, V, \ldots \in \mathfrak{P}\mathfrak{U}$ die schon von FROMME[2],[3] angegebenen Relationen

....

28) Die Union in BOOLEschen Verbänden bezeichnen wir im folgenden stets mit "∨", die Intersektion mit "∧" und die Komplementbildung durch Überstreichen "‾".

29) Im allgemeinen werden wir $\mathfrak{U}$ als abzählbar, oft sogar als endlich voraussetzen können.

30) $\mathfrak{P}\mathfrak{U}$ ist die Menge aller Teilmengen von $\mathfrak{U}$, $\mathfrak{U}$ selbst und $\emptyset$ eingeschlossen.

$$
\begin{array}{l}
U \vee o = o \vee U = U \in \mathfrak{P}\mathfrak{W} \\
U \vee 1 = 1 \vee U = 1 \in B \\
U \wedge o = o \wedge U = o \in B \\
U \wedge 1 = 1 \wedge U = U \in \mathfrak{P}\mathfrak{W}
\end{array}
\qquad (3\text{-}1)
$$

Ausdrücke, die aus den Symbolen "o", "1", "∨", "∧", Klammern und Teilmengen $U, V, \ldots \in \mathfrak{P}\mathfrak{W}$ bestehen, sind dadurch erklärt, daß wir die Korrespondenzen $o \leftrightarrow \emptyset$ und $1 \leftrightarrow \mathfrak{W}$ beachten. Wir erhalten so Verbandspolynome mit Elementen aus $\mathfrak{P}\mathfrak{W}$. Ergibt sich $\emptyset$ oder $\mathfrak{W}$ für den Ausdruck, so setzen wir o bzw. 1 ein; ansonsten erhalten wir ein Element aus $\mathfrak{P}\mathfrak{W}$.

Auf $\mathfrak{P}\mathfrak{W} \times \mathfrak{P}\mathfrak{W}$ erklären wir eine zweistellige Relation f durch

$$
f(U, V) = \begin{cases} 1 \iff U \wedge V \neq \emptyset \text{ oder } U = V = \emptyset \\ \\ o \iff U \wedge V = \emptyset \text{ und nicht } U = V = \emptyset . \end{cases} \qquad (3\text{-}2)
$$

f ist reflexiv und symmetrisch, aber nicht transitiv [31]. Wir nennen f die FROMMEsche Äquivalenzrelation oder kurz F-Äquivalenz und schreiben mit FROMME für f(U, V) entweder U^V oder V^U. Der Name F-'Äquivalenz' rührt daher, daß f im wichtigsten Falle, daß nämlich mindestens eine der beiden Mengen U oder V nur aus einem Element besteht, auch transitiv ist.

Zur Vereinfachung der Schreibweise definieren wir mit FROMME :

(1) Das Zeichen "∧" für die Intersektion wird fortgelassen. Die Intersektion erhält den Vorrang vor der Union:

$$(x \wedge y) \vee z = xy \vee z .$$

....

31) Beweise sind hier und im folgenden grundsätzlich fortgelassen. Siehe dafür NEANDER [12].

(2) Wo keine Verwechslung möglich ist, lassen wir das Zeichen "$\bigvee$" für die große Union fort und vereinbaren, daß dann über gleiche hoch- und tiefgestellte Indizes zu summieren ist. Also z. B.

$$\bigvee_{m} a_m x^m =: a_m x^m \ . \qquad (3\text{-}3)$$

Eine Transformation f aus einer nichtleeren Menge T in eine Menge X heißt finite Transformation (im Sinne des Äquivalenzkalküls) bezüglich T genau dann, wenn X finit ist. T heißt der Definitionsbereich, die Vereinigung aller $f(t_i)$ mit $t_i \in T$ der Wertebereich von f.

Jede finite Transformation f induziert in T eine Äquivalenzrelation φ, wenn wir für $t_i, t_j, \in T$ setzen

$$t_i \equiv t_j \ (\varphi) \Longleftrightarrow f(t_i) = f(t_j) \ .$$

Der Index n von φ in T ist endlich, da X und damit $\mathfrak{P}X$ finit sind. Die Elemente von T/φ seien mit Θ_i $(i = 1, \ldots, n)$ bezeichnet. Ferner bedeute t ein beliebiges Element aus T. Dann besitzt f die kanonische Darstellung als f(t)

$$f(t) = \bigvee_{i=1}^{n} f(\Theta_i)\, t^{\Theta_i} \ . \qquad (3\text{-}4)$$

Sei $T := \{ t_1, \ldots, t_n \}$, ferner f eine Abbildung von T auf X und $f(t_i) =: x_i \in X$ gesetzt. Dann hat f als f(t) die kanonische Darstellung

$$f(t) = \bigvee_{i=1}^{n} x_i t^{t_i} \ . \qquad (3\text{-}5)$$

Setzt man in (3-5) f(t) = t, so erhält man die wichtige Darstellung der identischen Abbildung von T auf sich (FROMME):

$$t = \bigvee_{i=1}^{n} t_i t^{t_i} \ , \qquad (3\text{-}6)$$

wofür wir knapper

$$t = \bigvee_{m \varepsilon T}^{n} mt^{m} \qquad (3\text{-}7)$$

schreiben können.

Der Ausdruck

$$I(t) := \bigvee_{i=1}^{n} t^{t_i} \qquad (3\text{-}8)$$

besitzt für alle $t \varepsilon T$ den Wert 1 (FROMME).

Sind $\overset{(1)}{x}, \overset{(2)}{x}, \ldots, \overset{(m)}{x}$ finite Abbildungen bezüglich desselben T mit den Wertebereichen $X_1, X_2, \ldots, X_m$, dann versteht man unter dem Vektor

$$\vec{x} := (\overset{(1)}{x}, \overset{(2)}{x}, \ldots, \overset{(m)}{x}) \qquad (3\text{-}9)$$

eine Abbildung von T in $X_1 \times X_2 \times \ldots \times X_m$. Ein solcher Vektor ist wieder eine finite Abbildung bezüglich T. Zwei Vektoren $\vec{x} := (\overset{(1)}{x}, \overset{(2)}{x}, \ldots, \overset{(m)}{x})$ und $\vec{y} := (\overset{(1)}{y}, \overset{(2)}{y}, \ldots, \overset{(m)}{y})$ sind gleich genau dann, wenn für alle $t \varepsilon T$ und für alle $i=1, \ldots, m$ gilt

$$\overset{(i)}{x}(t) = \overset{(i)}{y}(t) \ . \qquad (3\text{-}10)$$

Sei $X := \{ x_1, \ldots, x_n \}$ und $Y := \{ y_1, \ldots y_m \}$. Dann nennen wir eine (finite) Transformation f aus X [32] in Y eine Funktion des Äquivalenzkalküls und schreiben $f = f(x)$. x heißt das Argument und ist eine Variable, die alle Werte aus X, dem Definitionsbereich der Funktion f, annehmen kann. Y heißt der Wertebereich von f. f heißt eindeutig genau dann, wenn f eine Abbildung von X in Y ist. Andernfalls heißt f mehr-

....

32) Wir betrachten im folgenden nur vollständige Funktionen, da andere in der vorliegenden Arbeit nicht vorkommen. Für unvollständige Funktionen des Äquivalenzkalküls sei auf [12] verwiesen.

deutig.(3-4) liefert die Darstellung der Funktion einer Variable (FROMME): Ist f eine Funktion der Variable x und $f(x_i) =: Y_i$, so besitzt f die Darstellung

$$f(x) = \bigvee_{i=1}^{n} Y_i x^{x_i} \quad \text{mit} \quad Y_i \subseteq Y . \qquad (3\text{-}11)$$

Ist $z = h(y)$ eine Funktion von y und y selbst eine Funktion $y = g(x) = a_m x^m$ von x, dann gilt der Satz (FROMME):

Die Operation h braucht nur auf die Koeffizienten von y angewendet zu werden, d.h. es ist

$$z = h(y) = h(g(x)) = h(a_m)x^m . \qquad (3\text{-}12)$$

Seien f(x) und g(x) Funktionen des Äquivalenzkalküls. Dann gilt

$$f(x) = g(x) \frown \bigvee_{r \in G} (f^r g^r \vee f^{\emptyset} g^{\emptyset}) = 1 . \qquad (3\text{-}13)$$

Sind f(x) und g(x) sogar eindeutige Funktionen, so gilt schärfer (FROMME)

$$f(x) = g(x) \Longleftrightarrow \bigvee_{r \in G} [f(x)]^r [g(x)]^r = 1. \qquad (3\text{-}14)$$

Die rechte Seite von (3-13) heißt die Normalform der Gleichung $f(x) = g(x)$.

Sei $\vec{x} := (\overset{(1)}{x}, \ldots, \overset{(m)}{x})$ ein Vektor, ferner $Y := \{y_1, \ldots, y_r\}$ und $\mathcal{H} := X_1 \times X_2 \times \ldots \times X_m$. Dann nennen wir eine finite Transformation y aus $\mathcal{H}$ in Y eine Funktion (im Sinne des Äquivalenzkalküls), $y = y(\vec{x})$, des Vektors x bzw. der m Variablen $\overset{(1)}{x}, \ldots, \overset{(m)}{x}$. $\mathcal{H}$ heißt wieder der Definitionsbereich und Y der Wertebereich von y. Ein- bzw. mehrdeutige Funktionen werden genau so wie für eine Variable definiert. Ferner gilt noch ein Darstellungssatz (FROMME): Jede Funktion $y = y(\vec{x})$ mit $\vec{x} := (\overset{(1)}{x}, \overset{(2)}{x}, \ldots, \overset{(m)}{x})$ läßt sich in der Form

$$y = a_{n_1 n_2 \ldots n_m} \overset{(1)}{x}{}^{n_1} \overset{(2)}{x}{}^{n_2} \ldots \overset{(m)}{x}{}^{n_m} =: a_{\vec{n}} \vec{x}^{\vec{n}} \qquad (3\text{-}15)$$

darstellen. Die n_i durchlaufen hierbei die gesamten zugehörigen Wertebereiche X_i. Das m-dimensionale Schema der $(a_{\vec{n}})$ heißt die Koeffizienten - matrix der Funktion y. Durch Angabe von $(a_{\vec{n}})$ ist $y(\vec{x})$ eindeutig festgelegt.

===================

Der Verfasser möchte an dieser Stelle nicht versäumen, Herrn Professor Dr. D. PUPPE, Mathematisches Institut der Universität des Saarlandes Saarbrücken, für wertvolle Anregungen und Hinweise zu danken.

===================

Literatur.

[1] Garrett BIRKHOFF: Lattice Theory
American Mathematical Society Colloquium Publications, vol. XXV, revised edition, New York, 1948.

[2] Theodor FROMME: Die Beschreibung der Struktur und Funktion von digital arbeitenden Informationswandlern durch den Äquivalenzkalkül
Nachrichtentechnische Fachberichte, Bd. 4, 1956, S. 218-219.

[3] Theodor FROMME: Der Äquivalenzkalkül, ein Formalismus zur Beschreibung digitaler Nachrichtenverarbeitungsgeräte
Beiheft 1 der 'elektronische datenverarbeitung', 1962.

[4] Seymour GINSBURG: Some Remarks on Abstract Machines
Transactions of the American Mathematical Society, vol. 96, No. 3, September, 1960, pp. 3400-444.

[5] Franz E. HOHN, Sundaram SESHU, and D. D. AUFENKAMP: The Theory of Nets
IRE Transactions on Electronic Computers, vol. EC - 6, September, 1957, pp. 154-161.

[6] Dénes KÖNIG: Theorie der endlichen und unendlichen Graphen
Leipzig, 1936.

[7] George H. MEALY: A Method for Synthesizing Sequential Circuits
The Bell System Technical Journal, September 1955, pp. 1045 - 1079.

[8] Edward F. MOORE: Gedanken - Experiments on Sequential Machines
Automata Studies, Princeton, N. J., 1956, pp. 129-153.

[9] D. E. MULLER: Asynchronous Circuit Theory
Lecture Notes, Spring, 1961 (mimeographed)

[10] D. E. MULLER and W. S. BARTKY: A Theory of Asynchronous Circuits
Digital Computer Laboratory, University of Illinois
Report No. 75, 1956, Report No. 78, 1957, and Report No. 96, 1960.

[11] Joachim NEANDER: Grundgedanken zum Äquivalenzkalkül von Th. FROMME
Colloquium über Schaltkreis- und Schaltwerktheorie vom 26. - 28.10. 1960 in Bonn, Bd. 3 der Internationalen Schriftenreihe zur Numerischen Mathematik, Basel/Stuttgart, S. 44 - 72.

[12] Joachim NEANDER: Der 'Äquivalenzkalkül' von Theodor FROMME und seine Anwendung zur Beschreibung digitaler Informationswandler
Diplomarbeit am Lehrstuhl für Angewandte Mathematik der Universität des Saarlandes, Saarbrücken, 1961.

[13] Sundaram SESHU: Mathematical Models for Sequential Machines
1959 IRE National Convention Record, pt. 2, pp. 4-16.

[14] Sundaram SESHU, Raymond E. MILLER, and G. METZE: Transition Matrices of Sequential Machines
IRE Transactions on Circuit Theory,
vol. CT - 6, March, 1959, pp. 5-12.